情報処理基礎シリーズ

Processingによる プログラミング入門
―― 図形の描画からゲーム作成まで ――

藤　井　慶
村　上　純　共著

日　新　出　版

まえがき

　情報通信技術（ICT: Information and Communication Technology）は現在の国際社会にとって重要な技術であり、ICTに関するリテラシーは「21世紀型スキル」の1つに位置付けられている。特にその中でも、プログラミング教育と情報セキュリティ教育への需要はこの数年で高まっている状況である。アメリカのバラク・オバマ氏が大統領在任期間中に全国民へ向けた演説でプログラミングの重要性を説き、ICTに関する教育を強化する政策を打ち出したことに象徴される動きは、アメリカに限らず大小様々な国で起きており、日本でも2020年から小学校でプログラミング教育を必修化することが決定している。

　本書はプログラミング初心者向けの入門書であり、主に大学や高等専門学校等の高等教育機関におけるプログラミング科目の教科書として使われることを念頭に置いて執筆したものである。

　本書を授業で利用する場合、大学であれば1~2年次、高等専門学校であれば1~3年次のプログラミング入門科目において、まず講義担当の先生が各章を概説し、次いで章末課題を解かせながらProcessingやプログラミングについて主体的・体験的に理解させる教え方を想定している。プログラミングは学生の理解や進度の差がばらつきやすいので、進度の早い学生が退屈しないよう、章末課題の数をやや多めにし、平均的な初学者が独力で解くには難しい問題や、自分でアイデアを考案して実装するような課題も載せている。科目担当者の先生は、受講者全員に全ての課題を解かせるのではなく、学生たちの進捗状況を見ながら問題の取捨選択や解説を適宜行っていただければ幸いである。そして、課題を解く時間を十分に確保し、デバッグ作業で試行錯誤する力を涵養するとともに、創造的な探究心の啓発にもつなげていただきたい。

本書を独学の参考書として利用する場合、基本的には第 1 章から読み進める
ことをお勧めする。そして、各章で掲載するプログラムについてはなるべく入
力してその動作を目で確認して欲しい。章末課題については難しいものや時間
のかかるものが含まれている場合もあるので、一通り目を通して現時点での自
分の実力に合った問題を選んで欲しい。なかなか解けないときには、そこで立
ち止まってしまわず、気を取り直していったん本文を読み返すか、次の章に進
んで理解できる事柄を徐々に増やすとよいだろう。

　本書で取り扱うプログラミング言語は Processing である。Processing は Casey
Reas と Ben Fry により開発されたオープンソースの言語であり、Windows、
MacOS X、Linux で動かすことができ、公式 web サイトから無償でダウンロー
ドして利用できる。Processing はバージョン 3 と 2 以前とで仕様が多少異なっ
ている。本書はバージョン 3 を想定し、動作確認には執筆時点での最新版であ
るバージョン 3.3.6 を Windows PC 上で利用した。もしバージョン 2 以前の
Processing を利用する場合、一部に利用できない命令があるので注意されたい。

　Processing が最も得意とする題材は基礎的なコンピュータグラフィックス
（CG: Computer Graphics）であり、短いプログラムで図形や絵を表示して動か
すことができる。また、それらを応用して簡易的なゲーム制作も可能である。
CG とゲームは若者にとって身近なものであり、事前に完成形をイメージしやす
く、プログラムの動作が正しいかどうかを目で見て確認しやすい。特にゲーム
はプログラミングを学ぶ際の動機付けになる可能性がある[1]。そこで本書では、
図形の表示や移動を主な題材にしてプログラミングの基礎を学び、応用例とし
て幾つかの章や章末課題で小規模なゲームを制作する。

　本格的にプログラミングを勉強して、いずれ情報系の分野で職に就きたいと

---

[1] ただし、一般に商用のゲームは組織的に時間をかけて開発されており、個人
が短時間で作れる小規模なものではないことは認識しておいて欲しい。

考える人の中には、Processing のことを初心者専用で教育用に特化した言語と思う人がいるかもしれないが、それは誤解である。Processing は、業務用システムや web アプリケーション、Android アプリなどで広く使われているプログラミング言語 Java を母体としており、Processing で学んだ基礎知識は Java（あるいは C 言語や Python などの手続き型言語と呼ばれる多くのプログラミング言語）の学習で活かすことができる。また、Processing 自身も、CG やゲームに留まらず Android アプリ実装や Arduino による IoT などに対応している。Processing は何でもできる言語ではないが、適した分野では非常に頼もしいツールとして読者の役に立ってくれる言語であるので、理解を深め、自分のツールの 1 つとして自在に使えるものにして欲しい。

　Processing は非常に幅広い魅力を持った言語である。それ故に、本書執筆の際、どの題材をどの程度取り上げればよいのか悩むときが度々あった。結果として、Android プログラミング、USB カメラによる映像取得など、いくつかのトピックを割愛した。本書では Processing やプログラミングの多様な魅力を十分に伝えきれていないかもしれないし、読者にとって説明が不足していると感じられる箇所もあるかもしれないが、少しでも皆様のプログラミング学習に役立つものであることを願っている。

　最後になったが、日新出版株式会社の小川浩志社長には今回の執筆の計画段階から出版に至るまで大変お世話になった。心より感謝申し上げる。また、本書の内容は、著者らの勤務先における講義や公開講座などで実施してきた内容を骨子としたものであり、これまで受講していただいた学生諸子にも感謝したい。著者らの当初の期待以上に熱心に、彼らが Processing の修得に取り組む姿から本書の構想が生まれたといっても過言ではない。

2018 年 1 月

筆者ら記す

目　　次

第1章　導入 1
　1.1　Processing とは 1
　1.2　まずは動かしてみよう 2
　1.3　プログラムの書き間違いを体験しよう 7
　　　　章末課題 10

第2章　図形を描こう 14
　2.1　Processing の座標 14
　2.2　基本図形の描き方 15
　2.3　図形の描かれる順序 19
　　　　章末課題 20

第3章　図形に色を付けよう 22
　3.1　基本的な色指定の仕方 22
　3.2　色を付ける命令 23
　3.3　その他の色指定の仕方 25
　　　　章末課題 28

第4章　画像を表示しよう 30
　4.1　画像ファイル名についての注意点 30
　4.2　画像の表示方法 31
　4.3　画像の大きさや表示位置 33
　4.4　ベクタ画像(svg ファイル)の表示方法 35
　　　　章末課題 36

第5章　文字を表示しよう 38
　5.1　コンソール領域に文字を表示する 38
　5.2　実行画面に文字を表示する 39
　5.3　文字のフォントを変更する 40
　5.4　文字に関する細かい設定 42
　　　　章末課題 45

第6章　変数を使おう 48
　6.1　変数を使ったプログラム 48
　6.2　変数を用意する（変数宣言） 50
　6.3　変数に値を代入する 51

| 6.4 | 数値演算をする | 52 |

6.4	数値演算をする	52
6.5	システム変数とは？	55
6.6	変数の有効範囲	57
	章末課題	61

第7章 条件分岐（if文）を使おう 66

7.1	条件分岐（if文）とは？	66
7.2	if文の質問の書き方	72
7.3	波括弧の省略	74
	章末課題	75

第8章 繰り返し処理を使おう 81

8.1	while文による繰り返し	81
8.2	for文による繰り返し	84
	章末課題	88

第9章 マウス操作に反応させよう 92

9.1	マウス操作に関するシステム変数	92
9.2	マウス操作に関する関数	96
	章末課題	102

第10章 キーボード操作に反応させよう 105

10.1	キーボード入力に関するシステム変数	105
10.2	キーボード入力に関する関数	109
	章末課題	113

第11章 数学関数を使おう 116

11.1	乱数関数	116
11.2	sin関数（三角関数）	121
11.3	log関数（対数関数）	123
11.4	exp関数（指数関数）	125
	章末課題	127

第12章 3次元で表現しよう 130

12.1	原点の移動方法（translate命令）	130
12.2	図形の回転	133
12.3	基本的な3次元図形	137
12.4	3次元図形を使ったゲーム例	141
12.5	視点の移動（カメラ制御）	146
12.6	1人称視点の表現（カメラ制御の応用）	149

vi

| | 章末課題 | 154 |

第 13 章 配列を使おう 157

13.1	配列の基礎（1 次元配列）	157
13.2	多次元配列	163
	章末課題	168

第 14 章 関数を作ろう 169

14.1	関数の基礎	169
14.2	引数のある関数	171
14.3	返り値のある関数	174
	章末課題	177

第 15 章 オブジェクト指向に触れてみよう 181

15.1	ボールの等速運動(1)	182
15.2	ボールの等速運動(2)	185
15.3	ボールの自由落下運動	188
15.4	ボールの投射運動	189
15.5	的当てゲーム	193
	章末課題	196

第 16 章 音を再生しよう 198

16.1	Minim ライブラリの準備	198
16.2	音声ファイルの再生手順	199
16.3	音声ファイルの再生制御命令	201
	章末課題	204

第 17 章 ゲームを作ろう 205

17.1	ゲームの概要	205
17.2	宇宙船（プレイヤー）の実装	209
17.3	隕石の実装	211
17.4	背景の実装	213
17.5	ゲームの各状態の実装の考え方	216
17.6	ソースコード全体	219
	章末課題	230

索　引 232

第1章　導入

1.1　Processing とは

Processing は、簡単なプログラムで図形を表示したり動かしたりすることができるビジュアル表現向きのプログラミング言語である。図形を描かせると、自分で作ったプログラムの動作をすぐに画面上で確認できるので、プログラミング初学者にとって理解しやすく、教育現場で広く使われている。

教育用プログラミング言語といえば現在 Scratch が有名であるが、Scratch はキーボードのタイピングを覚えていない小学生でも使えるようマウス操作でプログラミングできる設計を採用している。一方 Processing は、タイピングをある程度覚えて本格的にプログラミングを勉強していこうとする学生向きである。

Processing は、導入教育にしか使えないようなものではなく、データの可視化（ビジュアライゼーション）、インタラクティブアート、マイコン制御(Arduino 環境)など様々な分野のソフトウェアを作ることができる。また、Processing は Java というプログラミング言語を母体としており、Java の機能を呼び出して使うこともできる。さらに、現在世界でもっとも大きなシェアを持つ Android スマートフォンの OS は Java で作られており、Processing で Android アプリを作ることも可能である。

プログラミング上達の鍵は、意欲を持って自らプログラムの読み書きをたくさん行うことである。早速、次節からプログラムを作り始めよう。

1.2　まずは動かしてみよう

早速 Processing を動かしてプログラムを作ってみよう。この節では Processing をインストールした後で、①Processing を起動し、②プログラムを書き、③実行し、④保存するというプログラミングの一連の流れを一緒にたどってみる。

Processing のインストール

もし Processing をインストールしていない PC を使っているのなら、公式 web サイトの Download ページ（https://processing.org/download/）から該当する OS の Processing をダウンロードする。例えば、32bit 版の Windows で Processing バージョン 3.3.6 をダウンロードする場合、図 1.2.1 の「Windows 32-bit」をクリックすると、圧縮ファイル processing-3.3.6-windows32.zip がダウンロードされる。ファイル名には Processing のバージョン番号と OS 名が含まれているので、自分が選んだものに間違いがないか確認した方がよい。

3.3.6 (4 September 2017)

Windows 64-bit　　Linux 64-bit　　Mac OS X
Windows 32-bit　　Linux 32-bit
　　　　　　　　　Linux ARMv6hf

図 1.2.1　Processing のダウンロードリンク

ダウンロードした zip ファイルは Processing を圧縮したものであり、そのままでは実行できない。そこで、ダウンロードした zip ファイルを右クリックし、「すべて展開」を選択してファイルを展開する。うまくいけば zip ファイルを

1.2 まずは動かしてみよう

展開したフォルダができあがる[1]。そのフォルダの中にProcessingを起動するための実行ファイルProcessing.exeがある。

① Processingを起動する

Processing.exeをダブルクリックするとProcessingが起動する。起動直後の画面とその内容構成を図1.2.2に示す。図のように、Processingは操作する領域、プログラムを入力する領域、コンソール領域に分かれている。

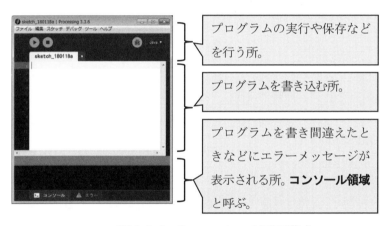

図1.2.2 Processingの画面構成

② プログラムを書く

次のプログラムを入力してみよう。ただし、その際に以下のことに注意しよう。

※ 「;」は**セミコロン**と呼ばれる記号であり、命令文の終わりを表す。

---

[1] zipファイルの展開方法はOSや各PCの設定状況によって異なるため、「zip 展開 Windows」などのキーワードでweb検索するとよいだろう。

4   第1章　導入

　　これは日本語の句点「。」に近い意味を持つ。セミコロンを入力する
　キーはＬキーの右隣にある。似た形の記号「：」（コロン）があるの
　で押し間違えないこと。

※ 1、3、6、8行目の「// ○○○○…」のようにスラッシュ記号を2
　つ並べた所から右側に書いてある文は、プログラマがメモ書きをす
　るための**注釈文（コメント文）**である。キーボード入力に慣れてい
　ない場合には入力しなくてもよい。

※ 日本語以外の文字はすべて半角文字で入力すること。空白を入力す
　るときも半角文字で入力する。

※ 所々に大文字があるので注意しよう（この例ではmouseXとmouseY）。

	sample.pde – 短いプログラムの例
1	`// プログラムを実行開始したら初期設定を行う所`
2	`void setup() {`
3	`  size(800, 600);          // 横幅 800、縦幅 600 の窓を作る`
4	`}`
5	
6	`// 初期設定が終わった後に処理する所`
7	`void draw() {`
8	`  rect(mouseX, mouseY, 30, 30);          // 四角形を描く`
9	`}`

③　プログラムを実行する

　　実行ボタン　　　をクリックするとプログラムが実行される。正しくプログ
ラムを入力できていれば横幅800、縦幅600の窓が現れるので、その中でマウ

1.2　まずは動かしてみよう

スを動かすと四角形で絵を描くことができる。図 1.2.3 に実行例を示す。

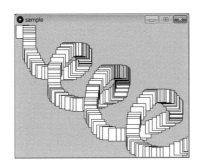

図 1.2.3　プログラムの実行例

　もし時間があれば、プログラムの中の数値の大きさを変えて再実行してみよう。書き変えた内容に応じて窓や四角形の大きさが変わるはずである。本書によるプログラミングの学習では、このように、プログラムを少々書き変えて実行し、命令や数値の意味などを体験的に理解するようにして欲しい。その際、1 ヵ所書き変えたらその都度実行して効果を確かめることを繰り返すとよい。一度に何ヵ所も変更すると、実行結果の変化も増えて、どうしてそのように変わったのか分かりにくくなってしまうからである。

　また、今後プログラムを何度も実行することになるが、上述の実行ボタンをクリックする以外に、キーボードの Ctrl キーを押しながら r キーを押しても実行ができる。このようなキーの組み合わせを**ショートカットキー**と呼ぶ。ショートカットキーを覚えると、キーボードとマウスとを持ち替えることなくプログラムを実行できて便利である。ショートカットキーは Processing 窓上部の各メニュー項目の右端に書かれている。例えば図 1.2.4 の「実行」の右端には「Ctrl+R」と書かれており、Ctrl キーを押しながら r キーを押せばプログラムを実行することを示している。

図1.2.4　メニューに表示されたショートカットキーの例

④ プログラムを保存する

　作成したプログラムを保存するには上部メニューから「ファイル」メニューの「名前を付けて保存...」を選ぶ。すると図1.2.5の窓が開くので、保存先のフォルダを選び、ファイル名を入力して保存する。

図1.2.5　プログラムに名前を付けて保存するときの窓

Processing では、プログラムを保存すると 1 個のフォルダが作られ、その中にプログラムファイルやデータファイルが格納される。例えばプログラムを「abcde」という名前で保存した場合、「abcde」というフォルダが作られ、その中に「abcde.pde」という名前のプログラムファイル（pde ファイル）が保存される。

ファイル名に使用することができる文字は英字、数字、下線「_」である。そして先頭の 1 文字目は必ず英字にする。これらの規則にしたがわない場合、プログラマが指定した名前とは異なるものに自動修正されることがあるので、注意が必要である。

なお PC の設定次第では、保存した pde ファイルをダブルクリックしても Processing で開かないことがある。このような場合は、まず Processing 本体を起動し、「ファイル」メニューの「開く」を選び、該当する pde を指定して開くとよい。pde ファイルをダブルクリックすると Processing で開くように設定したい場合は、「ファイル」メニューの「設定」を選び、「自動的に.pde ファイルを Processing に関連付ける」にチェックを付けて「OK」を選ぶとよい。ただし、使用しているユーザの種類によってはこの設定が反映されないこともある。例えば子供向けに制限されたユーザやゲストユーザなどがそれに該当する。これらのユーザは設定変更権を持っていないため、管理者権限を持つ人に依頼して設定してもらう必要がある。

1.3 プログラムの書き間違いを体験しよう

ここで、プログラムをあえて書き間違えてみよう。これからたくさんのプログラムを作っていくことになるが、プログラミングの過程ではプログラムを作り間違えることが度々起こる。プログラム内の間違いのことを**バグ**と呼び、バ

8   第1章　導入

グを取り除く作業を**デバッグ**と呼ぶ。それぞれ「虫(bug)」、「害虫駆除(debug)」
に由来する用語である[1]。

　バグの原因は、キーボードを打つ際の入力間違いの場合もあれば、プログラ
ムの作り方や考え方を間違っている場合もある。手慣れたプログラマはなるべ
く間違いを起こさないように留意しているし、間違えてもすぐに原因を特定し
て適切に修正できるように訓練している。

　本節では、先ほど作ったプログラムについて以下のようにいくつか故意に書
き間違いをして実行し、どのような状況になるのか実際に見てみることにする。

セミコロン（ ; ）を消して実行してみる

　プログラム中のセミコロンを1ヵ所削除して実行ボタンを押してみよう。す
ると窓が現れず図1.3.1のような画面になるだろう。

　この図の中には間違いの箇所を示す3つのヒントが現れている。1つ目は
「Syntax error. maybe a missing semicolon?」と書かれたProcessingからプログ
ラマへのメッセージ（エラーメッセージ）であり、「セミコロンを忘れたのでは
ありませんか？」と問いかけてきている。2つ目はカーソルの位置である。カ
ーソルはProcessingが間違いを検知した場所で止まっているため、間違いはカ
ーソルのある行かその上側にあることが多い。3つ目は8行目の丸括弧閉じ「）」
の下に現れた波線である。

　これらのヒントを手がかりに、間違いの箇所を特定し、修正して、再び実行
するとよい。このように間違いを見つけて修正する作業を繰り返し、正しいプ
ログラムにする作業がデバッグである。

---

[1] 昔、COBOLというプログラミング言語を作ったグレース・ホッパーが、実
際に計算機のリレー回路に挟まって動作不良を引き起こした蛾を駆除したとい
うエピソードがある。

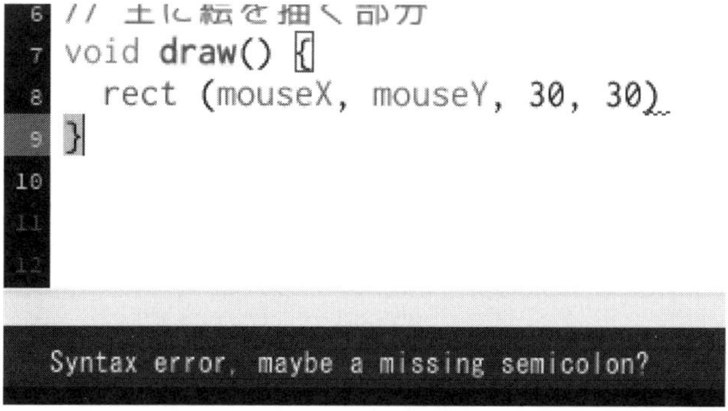

```
6  // 主に絵を描く部分
7  void draw() {
8    rect (mouseX, mouseY, 30, 30)
9  }
10
11
12
```

Syntax error, maybe a missing semicolon?

図 1.3.1　8 行目のセミコロンを削除したプログラムの実行例

命令名を間違えて実行してみる

　四角形を描く命令「rect」の綴りを変えて実行ボタンを押してみよう。すると窓が現れず図 1.3.2 のような画面になるだろう。ここでも 3 つのヒントを利用してデバッグを行うことができる。ここでのエラーメッセージは和訳すると「eect という命令は存在しません」という意味である。このメッセージや波線をヒントにして、正しい命令に修正して再実行するとよい。

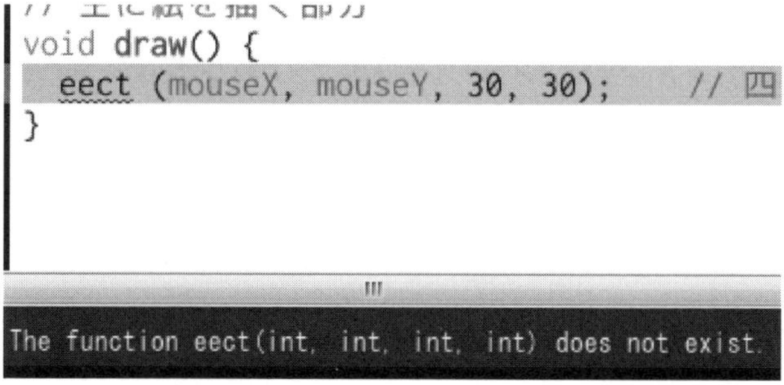

```
// 主に絵を描く部分
void draw() {
  eect (mouseX, mouseY, 30, 30);      // 四
}
```

The function eect(int, int, int, int) does not exist.

図 1.3.2　命令名を間違えたプログラムの実行例

10　　　　　　　　　　　第 1 章　導入

全角文字の空白を使ってみる

　最後に、日本人にありがちな間違いの例を挙げる。手本のプログラムでは
「rect」の前に半角文字で空白（スペース）を 2 文字分入れていた。そこに日
本語入力用の全角文字の空白を 1 文字入れてみよう。これは見た目にはどちら
も空白なので人間には見分けづらいが、Processing は日本語の文字を想定して
いないため、認識できない文字としてエラーになる（ただしコメント文の中な
ど、日本語文字を書いてよい場所もある）。実行ボタンを押してみると、窓が現
れず図 1.3.3 のような画面になるだろう。エラーメッセージは「想定外の文字
がありました」と伝えているので、該当部分の文字が半角か全角か確認し、全
角の場合は半角に修正するとよい。

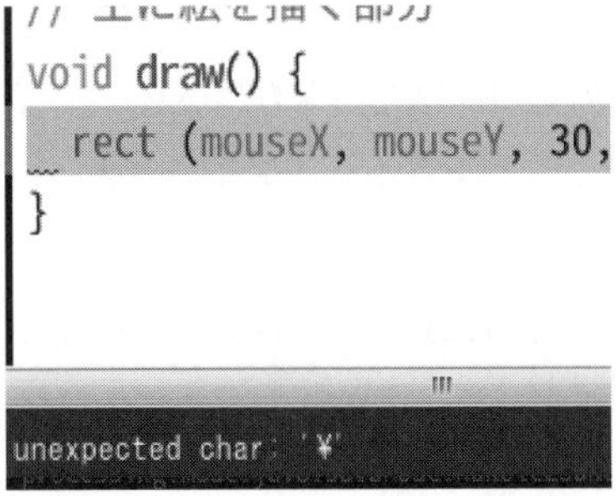

```
// 上に絵を描く部分
void draw() {
  rect (mouseX, mouseY, 30,
}
```

unexpected char: '￥'

図 1.3.3　全角スペースを入れたプログラムの実行例

章末課題

ex01_01

　次のプログラムは、マウス位置にオレンジ色の四角形を描くプログラムであ
る。これを入力して実行しよう。

1.3 プログラムの書き間違いを体験しよう　　　11

	ex01_01.pde -- オレンジ色の四角形を描く
1	// 初期設定
2	void setup() {
3	size(800, 600);　　　　　// 横幅 800、縦幅 600 の画面を作る
4	background(255);　　　　　　　// 画面を白く塗りつぶす
5	}
6	
7	// 主に絵を描く部分
8	void draw() {
9	fill(255, 180, 0);　// 塗りつぶし色をオレンジ色に設定する
10	rect(mouseX, mouseY, 10, 10);　　　　// 四角形を描く
11	}

ex01_02

　次のプログラムはマウスが押されている間だけ四角形を描くプログラムである。これを入力して実行しよう。なお、このプログラムで使っている if 文については第 7 章で詳しく述べる。

	ex01_02.pde -- マウスを押した間だけ四角形を描く
1	// 初期設定
2	void setup() {
3	size(800, 600);　　　　　　//横幅 800、縦幅 600 の窓を作る
4	}
5	
6	// 主に絵を描く部分

12 第 1 章 導入

```
7   void draw() {
8     if (mousePressed == true) {
9       rect(mouseX, mouseY, 10, 10);          // 四角形を描く
10    }
11  }
```

ex01_03

　次のプログラムは立方体を回転させるプログラムである。これを入力して実行しよう。なお 1 行目のコメント文に書いた大域変数の意味については 6.6 節で説明する。

```
            ex01_03.pde -- 立方体を回転させる
1   //------------- 大域変数を作る
2   float spin = 0.0;
3
4   //------------- 初期設定
5   void setup() {
6     size(640, 360, P3D);        // 横幅 640、縦幅 360 の画面を作る
7     noStroke();                 // 輪郭線を描画しないようにする
8   }
9
10  //------------- 主に絵を描く部分
11  void draw() {
12    background(0);
13    lights();
```

1.3 プログラムの書き間違いを体験しよう 13

```
14
15    spin += mouseX / 100.0;            // 角度を更新する
16    pushMatrix();
17    translate(width/2, height/2, 0);   // 画面中央を原点にする
18    rotateX(radians(-mouseY));         // x 軸を回転させる
19    rotateY(radians(spin));            // y 軸を回転させる
20    box(150);                          // 立方体を描く
21    popMatrix();
22  }
```

第2章　図形を描こう

2.1　Processingの座標

　Processingには、直線や円、長方形などの基本的な図形を描く命令群がある。それらを学ぶ前に、まずProcessingでの座標の表現方法を理解しておこう。

　大抵の数学の座標ではグラフ中央に原点（x=0、y=0となる点）を置き、右に行くほどxが増え、上に行くほどyが増える。一方Processingでは原点を画面の左上隅に置く。そして右に行くほどxが増え、下に行くほどyが増える（図2.1.1参照）。

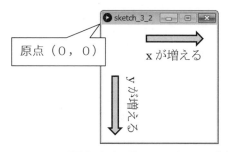

図2.1.1　Processingの座標

　もし座標の値を実際に見て確かめたいなら、次のプログラムを入力して実行しよう。このプログラムを実行すると横幅800縦幅600の窓が現れ、マウスの位置の座標値が画面に表示される。マウスを窓の左上隅に持って行くと、x、yの値がいずれも0になることを確認しよう。また右下隅に持って行ったときにx、yの値がいくらになるかも見てみよう。x=799、y=599になるはずである。

2.2　基本図形の描き方　　　　　　　　　　　　　　　　　　15

	coodinate.pde -- マウスの x 座標値、y 座標値を表示する
1	`void setup() {`
2	`  size(800, 600);`
3	`}`
4	`void draw() {`
5	`  background(255);         // 画面を白く塗りつぶす`
6	`  fill(0);                 // 文字色を黒色にする`
7	`  text("x=" + mouseX, 50, 50); // マウスの x 座標値を表示する`
8	`  text("y=" + mouseY, 50, 90); // マウスの y 座標値を表示する`
9	`}`

2.2　基本図形の描き方

　ここでは基本図形である点、直線、円、四角形、三角形の描き方を表 2.2.1 にまとめる。いずれの図形でも、「どこに、どの大きさで」描くのかを数値で指定するようになっている。

表 2.2.1　基本図形を描く命令

図形	描き方
点	point(x 座標値, y 座標値);
直線	line (x 座標値 1, y 座標値 1, x 座標値 2, y 座標値 2);
円	ellipse(中心の x 座標値, 中心の y 座標値, 　　　　　横の長さ(直径), 縦の長さ(直径));

16　　　　　　　　　第 2 章　図形を描こう

長方形	rect(左上の x 座標値，左上の y 座標値，横幅，縦幅); または rect(左上の x 座標値，左上の y 座標値，横幅，縦幅，丸み);
任意の 形の 四角形	quad(x 座標値 1，y 座標値 1， 　　　x 座標値 2，y 座標値 2， 　　　x 座標値 3，y 座標値 3， 　　　x 座標値 4，y 座標値 4);
三角形	triangle(x 座標値 1，y 座標値 1， 　　　　　x 座標値 2，y 座標値 2， 　　　　　x 座標値 3，y 座標値 3);

　次に示すのは、横幅 400、縦幅 400 の窓の中に種々の図形を描くプログラム例である。入力して実行し、それぞれの数値と図形の描画位置との関係を 1 つずつ確認しておこう。なお、本書の実行結果図には画面の端に 50 刻みで目盛を描いてあるので参考にして欲しい。

	figure.pde -- 各図形を表示する例
1	`size(400, 400);`　　　　　　　　　　　　　// 窓を作る
2	`point(50, 50);`　　　　　　　　　　　　　// 点を描く
3	`line(100, 50, 300, 50);`　　　　　　　　// 直線を描く
4	`ellipse(150, 150, 100, 100);`　　　　　// 円を描く
5	`rect(200, 100, 100, 100);`　　　　　　　// 長方形を描く
6	`quad(100, 200, 200, 200, 200, 300, 150, 300);` // 台形を描く
7	`triangle(250, 200, 200, 300, 300, 300);`　// 三角形を描く

2.2 基本図形の描き方

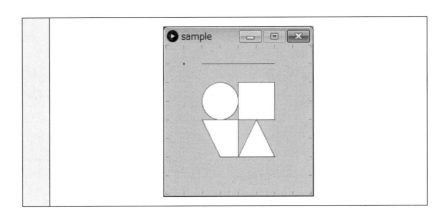

多角形を描きたい場合は、次のように beginShape 命令、endShape 命令、vertex 命令を使う。

  beginShape();
  vertex(x 座標値 1, y 座標値 1);
  vertex(x 座標値 2, y 座標値 2);
  vertex(x 座標値 3, y 座標値 3);
   :
  endShape(CLOSE);

このように、必要な数だけ vertex 命令を書き並べて多角形の頂点の座標を指定するとよい。したがって、N 角形であれば N 個の vertex 命令を並べることになる。六角形のプログラム例を次に示す。

	hexagonal1.pde -- 六角形を描く例
1	size(200, 200);
2	beginShape();
3	vertex(50, 0);

4	`vertex(100,  50);`
5	`vertex(150,   0);`
6	`vertex(150, 150);`
7	`vertex(100, 200);`
8	`vertex( 50, 150);`
9	`endShape(CLOSE);`

もし、この多角形に丸みを持たせたい場合には、次の例のようにする。

hexagonal2.pde ‑‑ 丸みのある六角形の例	
1	`size(200, 200);`
2	`beginShape();`
3	`curveVertex( 50,   0);`
4	`curveVertex(100,  50);`
5	`curveVertex(150,   0);`
6	`curveVertex(150, 150);`
7	`curveVertex(100, 200);`
8	`curveVertex( 50, 150);`
9	`curveVertex( 50,   0);    // 3個分なぞり直す`
10	`curveVertex(100,  50);    // 3個分なぞり直す`
11	`curveVertex(150,   0);    // 3個分なぞり直す`
12	`endShape();`

1つ前のプログラム hexagonal.pde との違いは次の3点である。

- vertex を curveVertex に書き変える。
- N 角形のときは N+3 個の curveVertex を並べる（N 個の頂点の座標を 1 周なぞった後に、さらに 3 個分もう一度なぞる）。
- 最後の endShape 命令の丸括弧の CLOSE を削除する。

2.3 図形の描かれる順序

Processing をはじめとする多くのプログラミング言語では、上から下に向かって順番に命令が実行される。次のプログラム 2 つとその実行結果を見てみよう。

order1.pde -- 処理の順番を確認する例 1	
1	`size(200, 200);`
2	`rect(50, 50, 50, 50);`
3	`ellipse(100, 100, 100, 100);`

order2.pde -- 処理の順番を確認する例 2	
1	`size(200, 200);`
2	`ellipse(100, 100, 100, 100);`
3	`rect(50, 50, 50, 50);`

1 つ目のプログラムでは、窓を作り、rect 命令で四角形を描き、ellipse 命令で円を描く。そのため、実行結果は円が四角形の前面にある図になる。一方

2つ目のプログラムでは、rect 命令と ellipse 命令の順序を入れ替えてあるため、後に描いた四角形の方が前面に描かれる。単純な規則であるが、プログラミングでは物事を順序立てて考える力（論理的思考力）が必須であるので、このような例においても、実行順序を考えながら見ていって欲しい。逆にいえば、プログラミングに習熟することは、論理的思考力を培うことである。

章末課題

ex02_01

四角形を描く rect 命令と円を描く ellipse 命令を使って、サイコロの3の面を描いてみよう。

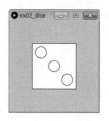

ex02_02

直線を引く line 命令を使って、カタカナ3文字（ただし画数が3画以上のものを選ぶこと）を描いてみよう。

ex02_03

三角形、円、四角形、直線を使って、右図のようなおでんの絵を描いてみよう。その際、おでんが画面中心から線対称になるようにすること。また、右図では画面を縦に4等分する大きさで各図形を配置している。なるべく、この図と同じ形および配置を再現すること。

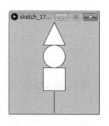

2.3 図形の描かれる順序

ex02_04

多角形と四角形を使って、右図のような飛行機の絵を描いてみよう。飛行機に、窓などを追加してみてもよい。

第3章　図形に色を付けよう

3.1　基本的な色指定の仕方

　皆さんは美術の授業などで、3つの絵の具を混ぜ合せることで様々な色を作れるということを習ったことがあるだろう。そのとき使った3つの色のことを**色の三原色**と呼び、シアン、マゼンタ、黄色の組み合わせを使ったのではないだろうか。

　Processing では、基本的に**光の三原色**で様々な色を作る。光の三原色は赤色(Red)、緑色(Green)、青色(Blue)であり、それぞれの頭文字を取って **RGB** と呼ばれる。光の量は 0 から 255 までの数値で表され、値が大きいほど強く光ることを意味する。例えば紫色を作る場合は、赤色、緑色、青色の各光量をそれぞれ 255、0、255 とする。

　もし三原色を用いて何らかの色を作りたい場合は、「ツール」メニューの「色選択」を選ぶとよい。すると、図 3.1.1 のような窓が現れるから、その中央右寄りにある縦長の欄で色相を選び、窓左側の正方形の領域で色の彩度と明度を選ぶ。選んだ色は、右上の長方形に表示され、そのときの赤、緑、青の各値は R、G、B の欄に表示される。

図 3.1.1　色選択ツール

また、カラーでなく白黒濃淡色を使いたい場合は、赤、緑、青をすべて同じ値にすればよいが、Processing では省略して 1 つの数値のみでも表せる。その際の値の範囲は 0 から 255 までであり、値が大きいほど白くなる。

3.2　色を付ける命令

ここでは、図形に着色する命令を表 3.2.1 にまとめる。

表 3.2.1　色を付ける命令

種類	書き方
背景の色	background(赤色の値, 緑色の値, 青色の値); または background(白黒濃淡の値);
輪郭線の色	stroke(赤色の値, 緑色の値, 青色の値); または stroke(白黒濃淡の値); もし輪郭線を引かない場合は noStroke(); とする。このとき、"S"は大文字であることに注意する。
図形の 塗りつぶし	fill(赤色の値, 緑色の値, 青色の値); または fill(白黒濃淡の値); もし輪郭線を引かない場合は noFill(); とする。このとき、"F"は大文字であることに注意する。

第3章 図形に色を付けよう

　着色命令の実行の様子を確認するプログラムおよび実行例を次に示す。普通は、プログラムではセミコロン（;）の後に改行を入れて、1行あたり1つの命令文を書くのが慣例であるが、ここでは紙面スペースの都合上4行目以降は1行あたり2つの命令を並べて書いている。

　4～7行目の ellipse 命令では、画面上側の4つの円を左から右へ描いており、輪郭線は順に描画なし、黒色、灰色、白色である。10～13行目の ellipse 命令は、画面下側の4つの円を左から右へ描き、塗りつぶしは順に塗りつぶしなし、黒色、灰色、白色である。

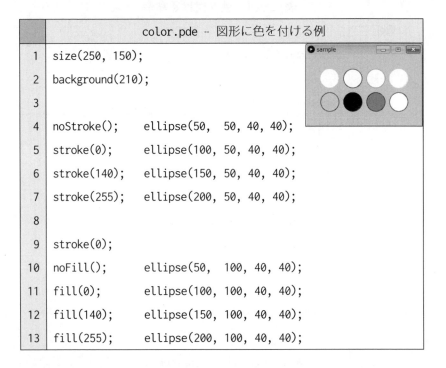

```
1   size(250, 150);
2   background(210);
3
4   noStroke();      ellipse(50,  50, 40, 40);
5   stroke(0);       ellipse(100, 50, 40, 40);
6   stroke(140);     ellipse(150, 50, 40, 40);
7   stroke(255);     ellipse(200, 50, 40, 40);
8
9   stroke(0);
10  noFill();        ellipse(50,  100, 40, 40);
11  fill(0);         ellipse(100, 100, 40, 40);
12  fill(140);       ellipse(150, 100, 40, 40);
13  fill(255);       ellipse(200, 100, 40, 40);
```

　着色のデフォルト設定は、輪郭線が黒色、塗りつぶしが白色になっている。輪郭線と塗りつぶしの設定変更を行うと、新たに設定変更するまで同じ設定が

引き継がれる。例えば次のように命令を並べた場合、2 つの四角形の輪郭線は
いずれも赤色で描かれる。

stroke(255, 0, 0); rect(略); rect(略);

これは、stroke 命令や fill 命令などで手に持つ絵筆の種類を取り替えている
イメージで捉えるとよいだろう。

　background 命令については、背景色を決める命令と捉えるよりも、「窓一面
を 1 色で塗り直す命令」と捉える方がよい。例えば次のように命令を並べた場
合、画面は緑 1 色で塗りつぶされ、四角形は見当たらなくなる。

rect(略); background(0, 255, 0);

これは四角形を描いた直後に、background 命令が窓一面を緑色で上塗りするか
らである。

3.3　その他の色指定の仕方

　基本的な色指定の仕方は前節までに述べた。本節ではそれ以外の方法をいく
つか紹介する。

色指定の挙動を変える　— colorMode 命令

　前節までは、各色の最大値は 255 であると説明してきたが、colorMode 命令
を使えば最大値を別の値に変更できる。colorMode 命令の書き方には次の 2 種
類がある。

　　colorMode(RGB, 最大値);

　　colorMode(RGB, 赤色の最大値, 緑色の最大値, 青色の最大値);

　また、「RGB」を「HSB」に変更すると、光の三原色に基づく色設定ではなく
色相、**彩度**、**明度**の 3 つの値に基づく色設定を行うようになる（HSB モー

ド)。色相は色合い(Hue)、彩度は鮮やかさ(Saturation)、明度は明るさ(Brightness)であり、色選択ツール（図 3.1.1）の H、S、B の各欄の値となる。HSB モードを有効にすると、stroke 命令や fill 命令では「fill(色相, 彩度, 明度);」の形で色を設定することになる。例えば、中間色の色合いを変えずに明るさを変えたいときなどに HSB モードは便利である。

色の透明度を変える

stroke 命令や fill 命令で、色のほかにもう 1 つ数値を追加すると不透明度を指定できる。不透明度の値の範囲は 0〜255 であり、値が小さいほど透明に近付き、0 のとき完全透明になる。デフォルト値は 255（完全不透明）である。例を次のプログラムで見てみよう。

transparency.pde – 色の不透明度を使った例
1	`size(200, 200);`
2	`background(255);`
3	`noStroke();`
4	`fill(0, 40);`
5	`rect(50, 50, 50, 50);`
6	`rect(75, 75, 50, 50);`
7	`ellipse(120, 120, 100, 100);`

このプログラムでは、まず 2 行目で窓を真っ白にしておき、4 行目の fill 命令で塗りつぶし色を不透明度 40 の黒色にしている。そのため、実行結果は黒色の図形を薄く重ねた絵になっている。この結果例のように、半透明は淡い色調の表現をしたいときなどによく用いられる。

カラーで不透明度を変える場合は、「fill(255, 255, 0, 40);」のように 4 つ

3.3 その他の色指定の仕方 27

数値を並べるとよい。また、stroke 命令でも fill 命令と同じ要領で不透明度
を指定することができる。

輪郭線の太さ、端点の形を変える

　厳密には着色の命令ではないが、輪郭線の太さや端点の形を変える命令を見
ておこう。

　輪郭線の太さは「strokeWeight(太さの値);」で設定し、この値が大きいほど
線が太くなる。また、端点の形は「strokeCap(形の名前);」で設定する。指定
できる形の名前は SQUARE、PROJECT、ROUND のいずれかである。これらそれぞれ
を用いたプログラム例を次に示す。

	strokeStyle.pde -- 輪郭線の太さや端点の形を変える例
1	`size(150, 150);`
2	`background(255);`
3	`strokeWeight(1);`　　　// 太さを 1 にする
4	`line(50, 30, 100, 30);` // 直線を引く
5	`strokeWeight(20);`　　　// 太さを 20 にする
6	`strokeCap(SQUARE);`　　　　　　// 端点の形を SQUARE にする
7	`line(50, 60, 100, 60);`　　　　// 直線を引く
8	`strokeCap(PROJECT);`　　　　　　// 端点の形を PROJECT にする
9	`line(50, 90, 100, 90);`　　　　// 直線を引く
10	`strokeCap(ROUND);`　　　　　　　// 端点の形を ROUND にする
11	`line(50, 120, 100, 120);`　　　// 直線を引く

　このプログラムでは、窓の上から下へ水平線を 4 つ並べている。いずれも座
標上は同じ長さを指定しているが、下の 2 本は上の 2 本より突き出ている。つ

まり PROJECT モードまたは ROUND モードのときは線の端点に四角または丸いキャップを被せた分だけ長さが伸びることになる。

なお、Processing のデフォルトは ROUND モードである。よって 4、11 行目の直線はいずれも ROUND モードの直線であるが、11 行目の直線の方が伸びている。これは、輪郭線の太さが太いほど、被せるキャップが大きくなるためである。

章末課題

ex03_01

右のような的の絵を描くプログラムを作成しよう。

ex03_02

右のような信号機を描くプログラムを作成しよう。3 つの信号灯は緑色、黄色、赤色に色分けすること。

ex03_03

赤色の円、青色の三角形、黄色の四角形を描きたいと思って次のプログラムを作ったが、意図とは異なる結果が出た。間違いの原因を考えて、意図どおりになるよう修正しよう。

	ex03_03.pde -- 配色を間違えたプログラム
1	`size(200, 200);`

3.3 その他の色指定の仕方

2	`ellipse(50, 50, 50, 50);`
3	`fill(255, 0, 0);`
4	`triangle(100, 100, 150, 150, 50, 150);`
5	`fill(0, 0, 255);`
6	`rect(70, 150, 60, 50);`
7	`fill(255, 255, 0);`

ex03_04

空、太陽、雲、山、木、地面で構成された風景画を描くプログラムを作成しよう。風景画の例を次に示す。

ex03_05

前問 ex03_04 の風景の色を変えて、夜景にしてみよう。その際、太陽は月に変わっているものとする。

第4章　画像を表示しよう

4.1　画像ファイル名についての注意点

　前章までで基本的な図形の使い方を学んだが、写真などの画像を使うとさらに見栄えのよい CG を作ることができる。そこで本章では、指定した画像ファイルを読み込んで表示する方法について述べる。それに先立って、読者の使っている Windows パソコンで画像ファイルの**拡張子**が分かる設定になっているかどうか確認しておこう。

　拡張子とはファイル名の末尾にピリオド (.) 付きで書かれている文字列のことで、そのファイルの種類を表すものである。例えばテキストファイルなら「.txt」、Word ファイルなら「.docx」など、種類に応じて異なる拡張子が付けられる。画像ファイルの拡張子は複数種類あり、代表的なものとしては「.png」や「.jpg」がある。

　もしこの拡張子をエクスプローラーで表示しない設定になっていれば、ファイル名は図 4.1.1 の(a)のように表示される。図中の画像ファイルの正式な名前は「test.png」であり、(b)では拡張子 ".png" まで表示されているが、(a)では表示されていない。Processing で画像ファイルを読み込む際には正式な名前を指定する必要がある。そのため、(a)のような表示になっている場合は、何らかの方法[1]で表示させて、画像ファイルの種類を確認する必要がある。

---

[1] 例えば、①ファイルをマウスオーバーして表示された説明からファイル名を調べる、②ファイルを右クリックしプロパティを開いてファイル名を調べる、③コントロールパネルのフォルダーオプションを開き、表示タブの詳細設定で「登録されている拡張子は表示しない」のチェックを外すなどの方法がある。

4.2　画像の表示方法　　　　　　　　　　　　　　　　31

　　(a) 拡張子を表示しない場合　　　　(b) 拡張子を表示する場合

図 4.1.1　ファイルの拡張子の表示例

4.2　画像の表示方法

　それでは画像ファイルを表示するプログラムを作ってみよう。画像を表示するためには、プログラムを入力する以外にしなければならない作業もあるので、手順に沿って説明する。

① プログラムを入力する

　次のプログラムを入力する。6 行目には表示させたい画像ファイル名を書く。ペイントソフトなどを使って自分で画像ファイルを用意する場合は、「**test.png**」などと仮の名前を書いておくとよい。プログラムの解説は後ほど行う。

	image.pde -- 画像を表示するプログラム
1	`PImage gazou;`　　　　　　　// 画像ファイルを取り扱う変数
2	
3	`void setup () {`
4	`size (800, 600);`
5	`// 画像ファイルを読み込んで gazou に代入する`
6	`gazou = loadImage("data/`ここには画像ファイル名を書く`");`
7	`if (gazou == null) exit();`

32　　　　　　　　　第 4 章　画像を表示しよう

```
8    }
9
10   void draw() {
11     background （255）;
12     // 画像 gazou を表示する
13     image(gazou, 0, 0);
14     image(gazou, mouseX, mouseY);
15   }
```

②　プログラムを保存する

　ここで、いったんプログラムを保存する。保存することでプログラムの置き場（フォルダ）が定まる。

③　画像ファイルを用意する

　プログラムで表示したい画像ファイルを用意する。自分で撮影した写真データでもよいし、ペイントソフトで描いた絵でもよい。保存する際のファイル名はプログラムの 6 行目に書いた画像ファイル名と同じにする。

④　画像ファイルをプログラムのデータフォルダに置く

　Processing の上部メニューから「スケッチ」→「ファイルを追加...」を選び、手順③で用意した画像ファイルを選択する。この操作により、プログラムの保存フォルダの下に「data」というフォルダが作られ、その中に画像ファイルがコピーされる。

　正しくコピーされたかどうかを確認するためには、上部メニューの「スケッチ」→「スケッチフォルダーを開く」を選んでみるとよい。するとプログラムの保存フォルダが開くので、「data」という名前のフォルダがあることと、その

4.3　画像の大きさや表示位置　　　　　　　　　　　　　　33

フォルダ内に画像ファイルがあることを確認する。以上で準備は終了である。

⑤　プログラムを実行する

　プログラムを実行し、画像が現れるか確認しよう。実行がうまくいったらプログラムの内容を理解しよう。

　このプログラム例では、1 行目で画像を取り扱う PImage 型の変数[1]gazou を用意し、6 行目の loadImage 命令[2]で data フォルダの下に保存された画像ファイルを読み込んでいる。もし画像をうまく読み込めなかった場合は、7 行目でプログラムを強制停止させる。うまく読み込めた場合は、13〜14 行目の image 命令で画像を表示する。image 命令の括弧内には表示したい画像変数名とその表示位置 x、y を並べて記入する。1 つ目の画像は、画像の左上頂点が原点(0, 0)に位置するように、2 つ目は画像の左上頂点がマウスの位置(mouseX, mouseY)に位置するように表示される。

4.3　画像の大きさや表示位置

　前節のプログラム例は画像を原寸大で表示するものだったが、表示する大きさを変えたい場合がある。そんなときは、次のように image 命令の括弧内に、さらに 2 つの値を追加するとよい（下線部）。

$$\text{image(gazou, 10, 20, 300, 100);}$$

　この例では画像 gazou を横幅 300、縦幅 100 の大きさで表示する。この方法を用いれば表示のサイズを自在に変えられるが、指定する値によっては画像が横長になり過ぎるなど、縦横比が変わって変な画像になってしまうことがある。

---

[1] 変数については第 6 章で詳しく取り上げる。

[2] loadImage 命令で読み込める画像形式は.png、.jpg、.gif などである。

34   第 4 章　画像を表示しよう

もし、原画像の縦横比を保ったままで画像の大きさを変えたいならば、次のように
うにするとよい。

　　　　image(gazou, 10, 20, gazou.width*1.5, gazou.height*1.5);

これは縦横比を保ったまま、大きさを 1.5 倍して表示する。gazou.width と
gazou.height は変数 gazou が持っている変数であり、それぞれ原画像の横幅と
縦幅の値が入っている。

　画像の大きさを指定する方法はほかにもある。その例を次に示す。

　　　　imageMode(CORNERS);

　　　　image(gazou, 10, 20, 300, 100);

この imageMode 命令は image 命令の動作を設定変更する命令である。CORNERS
モードに変えた後の image 命令は、座標(10, 20)と座標(300, 100)とを結ぶ線分
を対角線に持つ長方形に画像を表示する。したがって、この場合は横幅 290、
縦幅 80 の画像が描かれる。

　imageMode 命令で設定を変更すると、それ以降の image 命令の動作はすべて
変わることになる。もしデフォルトの状態に戻したければ「imageMode(CORNER);」
を実行して CORNER モードに戻すとよい。

　imageMode 命令には、ほかにも次の CENTER モードがある。

　　　　imageMode(CENTER);

　　　　image(gazou, 10, 20, 300, 100);

この CENTER モードの場合は、画像の中心点が座標(10, 20)にくるように配置さ
れる。例えばマウス位置にキャラクターを描いて動かすようなプログラムのと
きには、CENTER モードが役立つ。

4.4 ベクタ画像(svg ファイル)の表示方法

png ファイルや jpg ファイルの画像は、大きく拡大して表示すると全体的に
ぼやけることが多い。他方、svg というベクタ形式があり、この形式は拡大して
もぼやけないという特長を持つ[1]。svg は png や jpg ほど一般的ではないものの、
インターネット上にはプレゼンテーション向けのイラスト素材（クリップアー
ト）集などで、svg ファイルを提供する web サイトがいくつも存在する。

Processing では、前節までに述べたような命令について、命令の名前を変え
れば同じ要領で svg ファイルを取り扱うことができる。表 4.4.1 にこれらの名
前の違いをまとめておく。

表 4.4.1　画像の形式の違いと命令

機能	ラスタ形式	ベクタ形式(svg)
拡張子	.png や .jpg など	.svg
変数の型	PImage	PShape
データ読み込み	loadImage	loadShape
設定変更	imageMode	shapeMode
表示	image	shape

次に示すプログラムは、test.svg を読み込む例である。

	svg.pde -- svg 形式の画像を表示するプログラム
1	PShape s;

---

[1] svg はベクタ形式の代表的なものである。一方、png や jpg はラスタ形式と
呼ばれる。

第 4 章　画像を表示しよう

```
 2
 3   void setup() {
 4     size(500, 500);
 5     s = loadShape("data/test.svg");      // test.svg を読み込む
 6     shapeMode(CENTER);
 7   }
 8
 9   void draw() {
10     background(255);
11     shape(s, mouseX, mouseY);             // 画像 s を表示する
12   }
```

章末課題

ex04_01

　まず Windows のペイントソフトを起動して鳥の絵を描く。このとき、描く時間は 10 分程度以下の簡単なものでよい。そして、その絵を PNG 形式で保存した後、Processing で表示させよう。なお、保存する絵の余白はなるべく小さくした方がよい。

ex04_02

　ペイントソフトでもう 1 つ別の画像ファイルを作り、前問 ex04_01 に「PImage gazou2;」の命令を追加して、gazou と gazou2 の 2 種類の画像を表示させよう。

4.4 ベクタ画像(svg ファイル)の表示方法

ex04_03

次の手順にしたがって、車の絵が左右方向に動くようなプログラムを作成しよう。

1. ellipse 命令や rect 命令、triangle 命令などを用いて、景色を描くプログラムを作成する(前章の課題 ex03_04 で作ったものを利用するとよい)。
2. 小型の自動車を小さなサイズのキャンバスに描いて、マウスの x 座標の位置にそれが表示されるようにする。
   例： image(car, mouseX, 400);
3. 車より奥側に山や雲などを、車より手前側に木が描かれるようにして遠近感を出す。
4. もし画像ソフトの知識があれば、自動車の周りの白い余白部分を透明にする。

ex04_04

前問 ex04_03 のプログラムを改良して、車の動きと逆方向に木や山が動くようにしよう (マウスの動きと逆向きに動かすには、例えば rect(100 - mouseX, 100, 30, 80);などと書く)。その際、手前にあるものほど大きく、遠くのものは小さく動くようにして遠近感を演出しなさい。さらに、効果的な遠近感の演出法として、車の後ろにも小さな木を描き、それが小さく動くようにしてもよい。

第5章　文字を表示しよう

5.1　コンソール領域に文字を表示する

　Processing には 2 種類の文字表示方法がある。1 つは実行画面に文字を表示する方法であり、もう 1 つは本体窓の下部にある黒いコンソール領域に表示する方法である。後者は、プログラマが変数の値を見て確認したいときや、デバッグ作業をするときなどに使われる。本節では後者について説明する。

　コンソール領域に文字を表示するには、次の println 命令[1]を使う。

println.pde -- コンソール領域に文字表示するプログラム	
1　`println("mouseX");`	mouseX
2　`println(mouseX);`	0
	▶_ コンソール

Processing では、二重引用符「"」で囲まれた文字や数字あるいは記号を文字列と見なす。したがって、このプログラムの 1 行目の「"mouseX"」は文字列と見なされ、実行するとコンソール領域に「mouseX」と表示される。一方、二重引用符で囲まないものは変数名と見なされる。2 行目の mouseX は変数名と見なされ、実行するとコンソール領域にその時点の mouseX の値が表示される。

　もし変数や文字列を複数個並べたい場合には、次のようにカンマで区切って並べるとよい。

---

[1] println は「print line（1 行表示する）」の略である。

```
println("mouseX=", mouseX, "mouseY=", mouseY);
```
この場合、コンソール領域には「mouseX= 15 mouseY= 28」のように、文字列と
変数の値が複数個表示される。

　Processing の文字表示命令には println 命令以外に print 命令などがある。
print 命令の使い方は println 命令とほぼ同じであり、違いは前者が表示後に
改行するのに対し、後者は改行しないことである。例えば、「println("a");
println("b");」と書くと「a(改行)b(改行)」と 2 行で表示されるが、
「print("a"); print("b");」と書くと「ab」と 1 行で表示される。

5.2　実行画面に文字を表示する

　次に、実行画面に文字を表示する方法を述べる。そのためには下の例に示す
ように、text 命令を用いる。

	text.pde -- 画面に文字を表示するプログラム
1	`size(200, 200);`
2	`background(255);`
3	`line(0, 100, 200, 100);`
4	`line(100, 0, 100, 200);`
5	
6	`textSize(18);`
7	`fill(255, 0, 0);`
8	`text("Processing", 100, 100);`

　このプログラムでは、まず 200×200 のキャンバスの中央に横線と縦線を描

く。その後、6行目の textSize 命令でテキストの大きさを 18 に、7行目の fill 命令で文字色を赤色にそれぞれ設定し、8行目の text 命令で画面上の座標(100, 100)を起点として文字列「Processing」を表示させている。

　前節および本節で述べた方法が文字を表示させるための基本であるが、これだけでは日本語の文を正しく表示できない場合がある。また、中央揃えや右揃えなどの細かい設定をしたい場合もある。それらについて、次節以降に述べる。

5.3　文字のフォントを変更する

　例えば、「text("テスト", 100, 100);」として実行しても画面上には「テスト」と表示されずに、「□□□」などと違う記号や文字が表示される場合がある。これは日本語に非対応のフォントを使って表示したときに起こる現象である。このような場合は、日本語対応フォントを使って表示するとよい。その大まかな手順は次のとおりである。

1.　表示したいフォントの名前を調べる。
2.　createFont 命令でフォントを使用可能にし、textFont 命令で有効にする。
3.　text 命令で文字列を表示する。

　Windows Vista 以降に標準インストールされているメイリオフォントで日本語を表示する例を次に示す。

	textFont.pde -- フォントを指定して表示するプログラム
1	`size(200, 200);`
2	`background(255);`

5.3 文字のフォントを変更する

```
3   fill(0);
4   
5   // 利用できるフォント名をコンソールに一覧表示する
6   printArray(PFont.list());
7   
8   // 大きさ32のメイリオフォントで「テスト」と表示する
9   PFont font;
10  font = createFont("メイリオ", 32);
11  textFont(font);
12  text("テスト", 100, 100);
```

6行目のprintArray命令を実行すると、図5.3.1のように、コンソール領域にフォント名の一覧が1行に1つずつ表示される。

図5.3.1　printArray命令で表示されるフォント一覧の例

9〜11行目では、大きさ32のメイリオフォントを作成し、有効にしている。このとき、10行目のcreateFont命令でフォント名を間違えないように注意する必要がある。例えば、Windowsの代表的なフォントである「MS明朝」を用いる場合を考えてみる。このとき、次の2点に気を付けなければならない。まず、「MS」が全角文字なのか、あるいは半角文字なのかという点、次は、「MS」と「明朝」との間に空白があるかどうか（あれば、それは全角空白か、そ

れとも半角空白か）という点である。参考までに、筆者の環境では「MS」は
全角文字、「明朝」との間の空白は半角となっている。

　フォント名を1ヵ所でも書き間違うと、そのフォントは読み込まれないこと
になる。コンソール領域に表示されたフォント名をマウスドラッグで領域選択
し、Ctrl キーを押しながら c を押せば文字列がコピーできるので、createFont
命令内で Ctrl を押しながら v を押して貼り付けると確実である。あるいは、フ
ォント名で指定せず、コンソール領域に表示された番号でフォントを指定する
方法もある。その場合、10 行目を「font = createFont(PFont.list()[使用し
たいフォントの番号]);」と書き変える。ただし、この方法で作ったプログラム
は、新たにフォントを追加インストールしたときや、別の PC 上で実行したと
きに正しく動かなくなる可能性がある。

　なお、フォントがたくさんインストールされた PC で printArray 命令を実行
した場合、表示結果の一部が途切れてしまうことがある。そこで、章末課題に
フォントの名前と書体を一覧表示させるプログラムを掲載したので、入力して
実行してみて欲しい。

5.4　文字に関する細かい設定

　ここでは、文字列をどのように配置するかに関する規則（配置規則）につい
て説明する。Processing では、水平方向と垂直方向のそれぞれに対して配置規
則を設定できる。設定には次の2つのうちのいずれかの方法を用いる。

　　　　textAlign(水平方向の配置規則名);
　　　　textAlign(水平方向の配置規則名，垂直方向の配置規則名);

　水平方向の配置規則には、左揃え、中央揃え、右揃えの3種類があり、それ
ぞれ LEFT、CENTER、RIGHT と指定する。これら3つの規則を用いて文字列を表

5.4 文字に関する細かい設定　　　　43

示させたプログラムの例を次に示す。

	textAlign.pde – 文字の水平方向の配置規則の使用例
1	`size(400, 400);`
2	`background(255);`
3	`fill(100);`
4	
5	`PFont font;`
6	`font = createFont("ＭＳ 明朝", 100);`
7	`textFont(font);`
8	
9	`textAlign(LEFT);    text("My", 200, 100);    // My 1`
10	`textAlign(CENTER);  text("My", 200, 200);    // My 2`
11	`textAlign(RIGHT);   text("My", 200, 300);    // My 3`
12	
13	`line(200, 0, 200, 400);        // 垂直線を引く`
14	`fill(255);`
15	`ellipse(200, 100, 10, 10);     // 基準点 1`
16	`ellipse(200, 200, 10, 10);     // 基準点 2`
17	`ellipse(200, 300, 10, 10);     // 基準点 3`

　9〜11行目の3つの text 命令で文字列「My」を画面に表示している。また、文字列を表示する際の基準となる位置（基準点）を小さい円で示した（15〜17行目）。基準点の x 座標値はどれも 200 にしている（垂直方向は見やすくするために 100 ずつずらしている）が、水平方向の配置規則が LEFT、CENTER、RIGHTと変わっているため、「My」の表示位置が上から順に左方向に移動している。

垂直方向の配置規則には、TOP、CENTER、BASELINE、BOTTOM の 4 種類がある。これらの規則それぞれで文字列を表示したプログラムの例を次に示す。

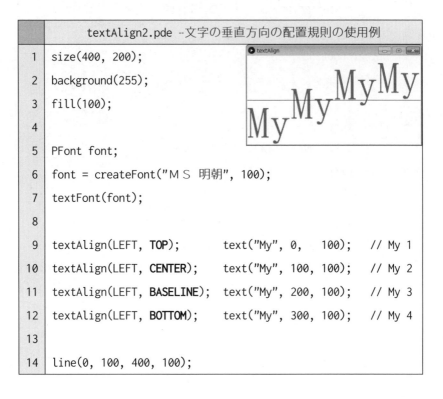

```
     textAlign2.pde -- 文字の垂直方向の配置規則の使用例
 1   size(400, 200);
 2   background(255);
 3   fill(100);
 4
 5   PFont font;
 6   font = createFont("ＭＳ 明朝", 100);
 7   textFont(font);
 8
 9   textAlign(LEFT, TOP);        text("My",   0, 100);   // My 1
10   textAlign(LEFT, CENTER);     text("My", 100, 100);   // My 2
11   textAlign(LEFT, BASELINE);   text("My", 200, 100);   // My 3
12   textAlign(LEFT, BOTTOM);     text("My", 300, 100);   // My 4
13
14   line(0, 100, 400, 100);
```

プログラムの 9〜12 行目で text 命令が 4 回用いられており、基準点の y 座標値はどれも同じく 100 である（x 座標値は 100 ずつずらす）が、垂直方向の配置規則が TOP、CENTER、BASELINE、BOTTOM と変わるので、「My」の表示位置は左から順に上方向に移動している。図 5.4.1 に、これら 4 規則の位置関係を示す。BASELINE から TOP、あるいは BOTTOM までの長さは、それぞれ textAscent 命令、textDescent 命令により求めることができる。

なお、デフォルトの配置規則は、水平方向が LEFT、垂直方向が BASELINE と

5.4 文字に関する細かい設定

なっている。

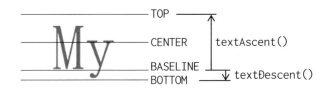

図 5.4.1　文字の縦方向の基準点

章末課題

ex05_01

自分の名前を表示するプログラムを作成しよう。その際、背景は白色、名字はフォントサイズ 100 の黒色、名前はフォントサイズ 50 の赤色にすること。

ex05_02

次の手順で、画面中央に影付き（白い文字に黒い影を付ける）で「あいうえお」と表示するプログラムを作成しよう。

1. 背景を灰色にする。
2. 文字設定をフォントサイズ 100 の黒色の MS ゴシック体にして、画面中央から 2 ピクセルほど右下にずらした位置に「あいうえお」と表示する。
3. 文字設定をフォントサイズ 100 の白色の MS ゴシック体にして、画面中央に「あいうえお」と表示する。

46　　　　　　　　第 5 章　文字を表示しよう

ex05_03

　次のプログラムは、PC にインストールされているフォント名と書体例を一覧
表示するものである。表示するフォントは x または z キーを押すことで変更で
きる。プログラムを入力し、実行して、正しく動作するか確認しよう。

　なお、このプログラムには本書で説明していない命令が一部含まれているが、
気にせずに入力して実行してみて欲しい。入力する際には、英字の大文字と小
文字の違いに注意すること。

	fontViewer.pde -- フォントを一覧表示するプログラム
1	PFont font;　　　　　// フォント設定用の変数
2	int fontSize = 24;　// フォントの大きさ
3	int showNum;　　　　 // 画面に同時表示するフォントの個数
4	int head = 0;　　　 // head 番目のフォントから
5	// showNum 個分フォントを表示する
6	String str = "テスト";　　　 // 画面に表示する日本語文字列
7	
8	void setup() {
9	size(600, 200);
10	textAlign(LEFT, TOP);
11	showNum = height / fontSize;
12	}
13	
14	void draw() {
15	background(255);
16	fill(0);

5.4 文字に関する細かい設定　　　　　　　　47

```
17
18    for (int i = 0; i < showNum; i++) {
19      if (head+i >= PFont.list().length) break;
20      font = createFont(PFont.list()[head+i], fontSize);
21      textFont(font);
22      text(head+i, 0, i*fontSize);
23      text(str, 100, i*fontSize);
24      text(PFont.list()[head+i], 200, i*fontSize);
25    }
26  }
27
28  void keyPressed() {
29    if (key == 'x' && head+showNum < PFont.list().length) {
30      head += showNum;
31    } else if (key == 'z' && head >= 10) {
32      head -= showNum;
33    }
34  }
```

第6章　変数を使おう

6.1　変数を使ったプログラム

　Processing では、図形の座標や大きさ、色などを数値で指定するので、より複雑なプログラムを作る場合は、**変数**を用いてそれらの数値を取り扱うのが一般的である。変数は数値や文字を記憶するための入れ物であり、用途によっていくつも用意される。それぞれの入れ物には名前を付けて区別する。

　まずは例を見てみよう。次のプログラムは、2 つの変数 x、y を用いて、円を左端から右端へと移動させるものである。

	ballMove.pde -- 円を左端から右端へ移動させるプログラム
1	// 変数 x と y を用意する
2	float x;　　// 円の x 座標値を入れる変数
3	float y;　　// 円の y 座標値を入れる変数
4	
5	void setup() {
6	size(400, 400);
7	x = 0;　　// 最初は x の値を 0 にする
8	y = 200;　// 最初は y の値を 200 にする
9	}
10	
11	void draw() {

6.1 変数を使ったプログラム 49

```
12    background(255);
13    ellipse(x, y, 20, 20);   // (x, y)に円を描く
14    x = x + 1;               // x の値を 1 増やす
15  }
```

このプログラムを実行したときの動きを、順にたどると次のようになる。

1. 2〜3 行目で 2 つの変数 x と y を用意する。

2. 5 行目の setup() の波括弧{ }で囲まれた 6〜8 行目を順に実行する。すなわち次の(ア)〜(ウ)の処理を行う。

    (ア) 窓を作る。

    (イ) 変数 x に 0 を代入する。

    (ウ) 変数 y に 200 を代入する。

3. 11 行目の draw() の波括弧{ }で囲まれた 12〜14 行目を順に実行する。すなわち、次の(ア)〜(ウ)の処理を行う。

    (ア) 画面を白く塗りつぶす。

    (イ) 座標(x, y)を中心とする直径 20 の円を描く。

    (ウ) 現在の x の値に 1 を足し、その計算結果を x に代入する。

4. 3 に戻る。

　上の手順の 2 で述べた setup(){…}は、プログラムを実行すると最初に 1 回だけ実行される[1]**ブロック**（プログラムの中の命令のひとまとまりのこと）である。手順の 3 の draw(){…}は、setup() の次に実行され、それ以降はプログラ

---

[1] 厳密には setup() よりも前に settings() が実行されるが、Processing3 では settings() はあまり使われないため、ここではそれについての記述は省略した。

50 　　　　　　　　　　第 6 章　変数を使おう

ムを停止させるまで何度も繰り返し実行される。

　次節以降では、変数の扱い方について、もう少し詳しく説明する。

6.2　　変数を用意する（変数宣言）

　前節のプログラム例の 2〜3 行目にある「float x;」と「float y;」は、どち
らも「変数の型　変数名;」という構成になっている。これは変数を使う上で必
ず必要な作業であり、**変数宣言**と呼ばれる。変数の型（変数型）は、その変数
にどのようなデータを入れるのかを表しており（したがって、**データ型**ともい
う）、float 型は実数値を 1 個入れる変数である。変数の型にはいくつかの種類
があり、その代表的なものを表 6.2.1 に示す。

表 6.2.1　代表的な変数の型

型の名前	データの種類
float	実数値を入れる。
double	実数値を入れる。float より長い桁数を入れることができる。
int	整数値を入れる。
char	1 文字を入れる。
String	文字列を入れる。
boolean	true か false（意味は「正しい」か「正しくない」かの 2 値で、**論理値**または**真理値**という）を入れる。

　変数名は a〜z、A〜Z、0〜9、アンダースコア(_)、$の各文字を組み合わせ
て作る。ただし、1 文字目を数字にしてはいけない。また、英文字の大文字と
小文字は異なる文字と見なされるので注意が必要である。例えば、「student01」

と「Student01」は別々の変数となる。

変数名はプログラマが自由に付けてよい。一時的に用いるだけの簡単なプログラムなどの場合には、単純な「a」や「b」などの名前としてもよいかもしれないが、一般的には、その変数の持つ意味や役割が分かるような名前を付けるようにすべきである。1つのプログラムの中に同じ名前の変数を複数個作ってはならない（ただし例外があり、これについては6.6節で述べる）。

なお、同じ型の変数（名前は異なる）を複数個宣言する際には、次のようにカンマで区切って列挙してもよい。

```
float x, y, z;
```

また、以下のように、変数宣言と代入文（次節で説明）とを同時に表記してもよい。

```
float x = 20.749;
float y = 35, z = -6.8;
```

6.3　変数に値を代入する

変数に値を代入する際には、「変数名 = 値;」のように等号（=）を使う。その使用例を次に示す。

	substitute.pde -- 変数に値を代入する例
1	`float f;`
2	`char c;`
3	`String str;`
4	
5	`f = 123;　　　　　// 代入例1`

6	`f = 1.23;`	`// 代入例2`
7	`f = 4 * f + 5;`	`// 代入例3`
8	`c = 'a';`	`// 代入例4`
9	`str = "mojiretsu";`	`// 代入例5`

　5〜9行目が代入を行う例である。数学であれば、等号は「左辺と右辺が等しい」という意味を持つが、Processing ではそれとは異なり「右辺に書かれた内容を計算し、その結果の値を左辺の変数に代入する」という意味になる。

　7行目のように右辺に変数名があるときは、その時点での変数の値がそこに埋め込まれる。この例の場合は、f の値 1.23 が埋め込まれて、4 * 1.23 + 5 の計算を行った結果が新たに f に代入される。

　8〜9行目は文字列に関する代入例である。Processing には、1文字は一重引用符（'）、2文字以上の文字列は二重引用符（"）で囲んで表すという決まりがある。

6.4　数値演算をする

数値演算の演算子

　Processing で、数値どうしの計算をする場合に使う主な演算子（演算記号）を表 6.4.1 に示す。

　1つの計算式内で計算する順序のことを**優先順**という。乗除算は、加減算より先に計算される。もし優先順を変えたい場合は、丸括弧「（　）」を使う。例えば、「a=2+3*4;」は掛け算の後で足し算が行われるので、a は 14 になるが、「a=(2+3)*4;」とすると足し算が先に行われて、a は 20 になる。

6.4 数値演算をする

表 6.4.1 数値の演算子

演算子	説明
+	足し算（加算）。
-	引き算（減算）。
*	掛け算（乗算）。
/	割り算（除算）。
%	割り算の余りを求める（剰余算）。
（ ）	計算を優先させる。

Processing の割り算に関する注意

Processing の割り算のふるまいは、数学の演算とは違いがある。割る数（除数）と割られる数（被除数）とがいずれも整数の場合、Processing は整数の商を求める。例えば、「b=15/2;」の b は 7 になる。実数の商を求めたいときは、除数、被除数の少なくとも片方を実数値で書くとよい。例えば、「15.0/2」や「15/2.0」、あるいは「15.0/2.0」と書くと、7.5 が得られる。

除数や被除数が変数である場合には、その変数の型が int 型か float または double 型かでふるまいが変わる。次のプログラム例を見てみよう。

	division.pde --割り算の結果を確認する例
1	`float answer;`
2	`float f = 2;`
3	`int    i = 2;`
4	`size(500, 500);`
5	
6	`answer = (5 / f) * 100;      // 割り算の例1`

7	`line(0, 0, answer, 250);`
8	
9	`answer = (5 / i) * 100;        // 割り算の例2`
10	`line(0, 500, answer, 250);`

　ここでは2～3行目で、float型変数 f と int 型変数 i のどちらにも2を代入している。6行目、9行目の式は、変数 f と i を除数に用いて同じ計算をするものだが、前者の answer の値は250になるのに対し、後者では200となる。そのため、7行目と10行目で描いた直線の右端点の位置は異なることになる。

　もし9行目の値を250にしたければ、分母（除数）か分子（被除数）を実数にすればよいので、次のどちらかのようにするとよい。

　　A)　`answer = (5.0 / i) * 100;`

　　B)　`answer = (5 / (float)i) * 100;`

A)は分子に「.0」を付けることで実数値の5であることを明示しており、B)では変数 i の前に「(float)」を付けて、変数値を一時的に float 型に変換している[1]。この例では、A)の方がシンプルな解法であるが、B)も汎用性が高い方法なので、覚えておいてもらいたい。

剰余算について

　次に「%」を使う剰余算を見てみよう。この演算は、整数の商を計算したときに生じる余りを求めるものである。例えば、「`c = 15 % 6;`」であれば、c は3になる。「15.4 % 6」であれば、「15.4÷6=2 余り 3.4」であるから、結果は3.4になる。

---

[1] このような一時的な型の変更手法を**キャスト**や**明示的な型変換**などと呼ぶ。

計算式の略記法について

一部の計算式は略して表記することができる。それらを表6.4.2にまとめる。

表6.4.2 計算式の略記法

略記法	等価な計算式
a += 3;	a = a + 3;
a -= 3;	a = a - 3;
a *= 3;	a = a * 3;
a /= 3;	a = a / 3;
a++;	a = a + 1;
a--;	a = a - 1;

6.5　システム変数とは?

Processingには、**システム変数**と呼ばれる特殊な変数がいくつかある。例えば、これまでの章で何度か出てきたmouseXやmouseYなどがそうである。システム変数は、Processingであらかじめ用意されている変数であり、システムによって自動的に、随時その内容は書き変えられる。プログラマは、必要に応じてシステム変数から所望の値を得ることができる。主なシステム変数を表6.5.1にまとめる。

表6.5.1 主なシステム変数

変数名	説明
width, height	実行窓の横幅(width)と縦幅(height)の値。size命令で設定した値が代入される。

56 第 6 章 変数を使おう

frameCount	draw()を実行した回数。
frameRate	draw()の実行速度（1秒間あたり何回繰り返しているかを表す）。ただし、この値は一定とは限らない（CPUにかかる負荷が随時変化しているため）。
focused	実行窓がディスプレイ前面に出て、マウスやキーボード入力を受け付ける状態であれば true、そうでなければ false の論理値が入る。
mouseX, mouseY	現在マウスのある場所のx座標値とy座標値。draw()を繰り返し実行する度に1回ずつ更新される。
pmouseX, pmouseY	前回 draw()を実行したときのマウスの x 座標値と y 座標値。draw()を繰り返し実行する度に更新される。
mousePressed	マウスボタンが押されている状態のとき true、そうでなければ false が入る。
mouseButton	マウスボタンを押しているとき、そのボタンがどれかを示す値が入る。値は LEFT、RIGHT、CENTER のどれかとなる。
keyPressed	キーボードのキーが押されている状態であれば true、そうでなければ false が入る。
key	キーボードのキーが押されているとき、どのキーを押しているかが入る。例えば、「a」を押しているときは'a'が入っている。
PI, TWO_PI, HALF_PI, QUARTER_PI	これらは円周率の値が入った変数（正確には**定数**と呼ばれる）であり、PI にはπの値3.1415927が入っている。TWO_PI は2π、HALF_PI はπ/2、QUARTER_PI はπ/4である。

6.6 変数の有効範囲

プログラムの中で宣言した変数は、必ずしもそのプログラム内のどこででも利用できるとは限らない。それぞれの変数には、その変数が有効である範囲が規定されている。つまり、各変数には有効範囲に関する規則（**スコープルール**という）がある。このことは、簡単で小規模なプログラムを作っているうちはあまり意識しなくてよいことだが、本格的なプログラムを作る際には必須の知識であるので、ここで説明しておく。

変数には、大きく分けて次の2種類がある。

大域変数（グローバル変数）

→ プログラム内のどこからでも利用できる変数。

局所変数（ローカル変数）

→ 変数宣言した波括弧内（ブロック）でのみ利用できる変数

本章のこれまでのプログラム例では、変数宣言をプログラムの冒頭に書いてきたが、このようにすれば**大域変数**になり、プログラム内のすべての場所から利用できる。前節で説明したシステム変数も大域変数である。

一方、void setup(){……}やvoid draw(){……}などのブロック内で宣言された変数は**局所変数**になる。局所変数は、その変数が宣言された位置からブロックが閉じる所までの間で利用できる。

ある局所変数aとbの有効範囲の例を図6.6.1に示す。図中の局所変数aは4〜10行目でのみ有効であり、括弧外の1行目、12行目からは参照できない。さらに、3行目はaと同じブロック内ではあるが、この位置でもaを参照することはできない。aは4行目の変数宣言により作成され、11行目で波括弧が閉

じたら削除される。したがって、3行目の時点ではまだaは存在していないのである。

同様に、局所変数bは7～8行目で有効であり、1～5行目、10～12行目では参照不可である。

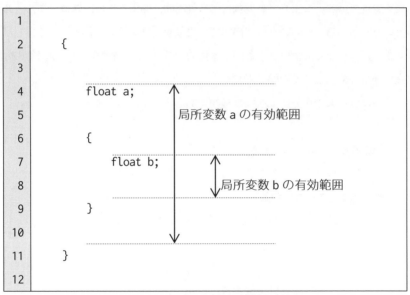

図 6.6.1　局所変数 a の有効範囲

最後に、例題を行って理解を深めよう。

例題 6-1

次のプログラムは、マウスを押している間は2個、そうでないときは1個の四角形を描くプログラムである。変数 x、y、a の有効範囲はそれぞれ何行目から何行目までか考えてみよう。

6.6 変数の有効範囲 59

```
          scopeRule1.pde -- 変数の有効範囲の例1
 1   float x = 50;                  // 変数 x の宣言
 2
 3   void setup() {
 4     size(200, 200);
 5   }
 6
 7   void draw() {
 8     background(255);
 9     float y = 100;               // 変数 y の宣言
10     if (mousePressed == true) {
11       float a = 80;              // 変数 a の宣言
12       rect(x + a, y, 50, 50);
13     }
14     rect(x, y, 50, 50);
15   }
```

　解答は脚注に示す[1]。なお、この例題のプログラムは有効範囲の確認のために
用意したものであり、四角形を描いているが、特に意味のあるものではない。

例題 6-2

6.2 節で同じ名前の変数を作ってはならないと述べたが、有効範囲の規則に

---

[1] x は大域変数であるから、プログラム内のすべての行で有効である。y は 7
〜15 行目の波括弧のブロック内で宣言されているから、9〜14 行目で有効で
ある。a は 10〜13 行目の波括弧に囲まれているから、11〜12 行目で有効であ
る。

60　　　　　　　　　　　第6章　変数を使おう

基づくと、互いに有効範囲が重ならない限り、同名の変数を複数作っても許される。次のプログラムの変数aはどの宣言の変数か考えてみよう。

	scopeRule2.pde --変数の有効範囲の例2
1	`void setup() {`
2	`  float a = 100;`　　　　　　// 変数aの宣言1
3	`  line(0, 0, a, a);`
4	`}`
5	
6	`void draw() {`
7	`  float a = 50;`　　　　　　// 変数aの宣言2
8	`  line(a, a, 100, 0);`
9	`}`

　プログラム中の2行目と7行目で同名の変数aが宣言されているが、この場合は有効範囲が重ならないので問題はない。

例題 6-3

　互いに有効範囲が重なっていても規則上問題のない場合がある。次のプログラム例は大域変数と局所変数とが同じ名前になっている例である。プログラムの変数bはどの宣言の変数か考えてみよう。

	scopeRule3.pde --変数の有効範囲の例3
1	`float b = 50;`　　　　　　//大域変数bの宣言
2	

6.6　変数の有効範囲　　　　　　　　　　　　61

```
3   void setup() {
4     size(200, 200);
5     rect(b, 100, 20, 20);    // この b は大域変数 b
6   }
7
8   void draw() {
9     float b = 100;           // 局所変数 b の宣言
10    rect(b, 100, 20, 20);    // この b は局所変数 b
11  }
```

このプログラムには、1 行目と 9 行目で同名の変数 b が宣言されている。こ
れらの変数を用いる際は次のように区別される。setup ブロック内 5 行目の b
は大域変数 b を参照するが、draw ブロック内 10 行目の b は同じブロックの直
近上側（9 行目）での宣言があるため、局所変数 b の方を優先して参照する。

章末課題

ex06_01

6.1 節のプログラム ballMove.pde を入力して実行し、円が画面の左端から右
端へ移動することを確認しよう。次に、円を赤色で塗りつぶすように改造しよ
う。

ex06_02

前問 ex06_01 のプログラムを改造して、赤色の円の 2 倍の速さで画面左端か
ら右端へ移動する青色の円を追加しよう。その際、青い円の座標値を入れるた

62 第6章 変数を使おう

めの変数 blueX と blueY を用意し、利用すること。

ex06_03

さらに前問 ex06_02 を改造して、赤色の円の3倍の速さで画面左端から右端へ移動する紫色の円を追加しよう。前問同様、紫の円の座標値を入れるための変数 purpleX、purpleY を用いること。

ex06_04

前問 ex06_03 に、画面左上隅(0, 0)から右下隅(400, 400)へ移動する緑色の円を追加しよう。その際、緑の円の座標値を入れるための変数 greenX、greenY を用いること。

ex06_05

前問 ex06_04 に、画面中央の上端(200, 0)から下端(200, 400)へ移動する円を追加しよう。ただし、円の色は他の円の色と違う色にし、また前問同様に、座標値を入れるための変数を2つ用いること。

ex06_06

前問 ex06_05 に、画面中央の右端(400, 200)から左端(0, 200)へ移動する円を追加しよう。ただし、円の色は他の円の色と違う色にし、また、座標値を入れるための変数を2つ用いること。

ex06_07

前問 ex06_06 を改造して、各円が画面の端に到達したら、最初の位置に戻って再び移動するようにしよう。例えば、左端から右端へ移動するボールは右端に到達したらまた左端に戻って右へ移動するようにする。

6.6　変数の有効範囲　　　　　　　　63

（ヒント）

　本章で説明した剰余算（%）を使用するとよい。試しに、ある変数 x があったとして、その値を 0 から 1 ずつ増やしていったときの x % 10 の値はどのように変化するか考えてみること。

ex06_08

　次のプログラムは、白い雪の球に見立てた円が落下する簡易的なゲームプログラムである（一部にまだ未説明の命令などがあるが、そのまま入力すること）。プログラムを入力し、実行してみよう。実行すると、すぐに球が落下し始めるが、何かキーを押すと球が止まり、そのときの y 座標値が表示される。球を止めた位置が地面に近いほどよい成績として、結果を競うゲームとなっている。

	ex06_08.pde - 落ちるボールを地面近くで止めるプログラム
1	`float x = 100;` 　　// x は落下する球の x 座標
2	`float y = 9;` 　　　// y は落下する球の y 座標
3	`float t = 0;` 　　　// t は球の落ちる時間を表す
4	`float score = 0;` 　// score はゲームの点数を表す
5	
6	`//--------------------------------`
7	`void setup () {`
8	`size (200, 200);`
9	`noStroke();` 　　// 輪郭線を描かないようにする
10	`fill(255);` 　　　// 塗りつぶし色を白色にする
11	`}`
12	

64   第6章 変数を使おう

```
13  //----------------------------------
14  void draw() {
15    background (100, 200, 255);        // 画面を水色に初期化
16    rect(0, height - 50, width, 50); // 地面を描く
17    ellipse(x, y, 10, 10);            // 雪の球を描く
18
19    if (keyPressed) {
20      // もし何かキーを押していたなら score を表示する
21      score = y;
22      text(score, x + 10, y);
23    } else {
24      // 何もキーを押していないなら y を増やして球を落とす
25      y = 4.9 * t * t;  // 球の y 座標を更新する
26      t = t + 0.3;       // 時刻を更新する
27      if (y > height - 50) { // 球が地面に着いたなら時刻を 0 に戻す
28        t = 0;
29      }
30    }
31  }
```

　動作が確認できたら、プログラムを自由に改造し、ゲームの難易度を上げたり、ゲーム性を高めたりしよう。その際、本章までに述べていない命令などを調べて使ってもよい。例えば、次のような改造が考えられる。

・　画面を縦長に変更する。
・　球が地面に近付くほど、その色を薄くして見えづらくする。

6.6　変数の有効範囲

・ 球が地面に近付くほど、その大きさを小さくして見えづらくする。

第7章　条件分岐(if 文)を使おう

7.1　条件分岐（if 文）とは？

　コンピュータは生き物ではないが、**条件分岐**という仕組みを使って、人と同じように、状況に応じて処理内容を変えることができる。条件分岐は、コンピュータやロボットが、人のように知的にふるまう第一歩の機能といってよいかもしれない。Processing は、if 文と switch 文という条件分岐の命令を持っている。本節では条件分岐の基本について述べる。

　if 文は "yes" か "no" かの二者択一（二択）的問題に答え、"yes" の場合と "no" の場合とで処理を切り替えるものである。この命令の基本的な考え方を知るために、以下に 3 つの例を挙げて説明する。

条件分岐の例 1

　最初の例として、「人が気温によって服を替える」動きを if 文の形で表現してみる。まず人の行動の手順を、図 7.1.1 の**フローチャート**（流れ図）で表す。この図は上から下へ矢印をたどっていくもので、途中の四角形が行動内容を表す。ひし形は質問を与えて "yes" か "no" かの結果で分岐させるものであり、この例では「今日の気温は 22℃より高いですか？」の質問である。そして、"yes" であれば左の矢印に進んで服を半袖にするし、"no" では右に進み長袖にする。このように、質問の答えによって処理が分かれることを条件分岐という。

7.1 条件分岐（if文）とは？

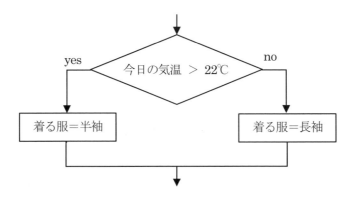

図 7.1.1　条件分岐条件分岐の例 1

図 7.1.1 のフローチャートの手順を if 文で書き表すと次のようになる[1]。

1	if（今日の気温 > 22）{ // 質問
2	着る服 = 半袖; // yes のときの処理
3	} else {
4	着る服 = 長袖; // no のときの処理
5	}

　1 行目の丸括弧内に質問の式を書き、"yes"、"no" のそれぞれの場合の処理内容は別々の波括弧内に書く。英語の "if" の意味は「もし～ならば」、"else" は「そうでなければ」であるから、この if 文全体では「もし今日の気温が 22℃ より高いならば、着る服を半袖にします。そうでなければ、着る服を長袖にします。」という意味になる。else 以下の部分は **else 節** と呼ばれることもある。

---

[1]ただし、これは実際の Processing のプログラムではなく、if 文の文法を使って表現したものである。

条件分岐の例 2

第 2 の例は、「雨の日には移動に要する時間を増やす」処理である。フローチャートを図 7.1.2 に示す。普段であれば所要時間 T は 30 分のところ、雨の日には 20 分余計にかかり 50 分になることを表している。

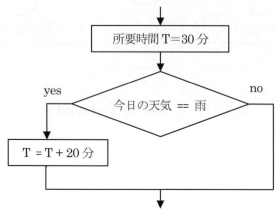

図 7.1.2　条件分岐の例 2

この図の内容を if 文で表すと次のようになる。

1	`T = 30;`
2	`if（今日の天気 == 雨）{`　　　　　　　　　　// 質問
3	`T = T + 20;`　　　　　　　　　　　　　　// yes のときの処理
4	`}`

この例では、天気が雨でないときに行うべき処理はない。このような場合は、最初の例にあった "else" の部分（else 節）を書く必要はない。なお、質問のひし形内に等号を 2 つ並べた "==" の記号があるが、これは「左辺の値と右辺の

7.1 条件分岐（if 文）とは？

値とが等しい」という意味を表している[1]。

条件分岐の例 3

最後の例は三者択一（三択）の質問の例であり、今日の天気が「晴れ」、「曇り」、「それ以外」の場合に分けて、それぞれの出発時刻と移動時間を設定している（図 7.1.3）。if 文 1 つでは二択の質問しか作ることができないので、三択を作るためには、if 文の波括弧の中にさらにもう 1 つの if 文を書くとよい。

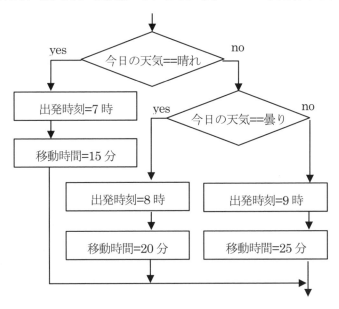

図 7.1.3　条件分岐の例 3

この図の内容を if 文で表すと次のようになる。

---

[1] Processing では、「=」は代入の意味を表す。

```
1    if（今日の天気 == 晴れ）{                              // 質問1
2      出発時刻 = 7 時;
3      移動時間 = 15 分;
4    } else {
5      if（今日の天気 == 曇り）{                            // 質問2
6        出発時刻 = 8 時;
7        移動時間 = 20 分;
8      } else {
9        出発時刻 = 9 時;
10       移動時間 = 25 分;
11     }
12   }
```

　この例では、最初の if 文の else 節の中（5〜11 行目）に 2 つ目の if 文を入れることで、三択を実現している。同じ要領で、2 番目の else 節中（9〜10 行目）に 3 つ目の if 文を入れると、四択問題を作ることができる。さらに繰り返して if 文を追加していけば五択、六択と次々に選択肢を増やすことができるが、プログラムの構造が複雑になるため、質問の仕方を工夫して選択肢を減らすようにした方がよい。なお、このプログラム例では、else 節の "no" の処理の中に第 2 の if 文を挿入したが、"yes" の処理（**then 節**と呼ばれることもある）の中に入れて三択を実現することも可能である。

各行冒頭の字下げ（インデント）について

　日本語の文章では、段落の最初に 1 字空ける習慣がある。このやり方で書かれた文章は、段落の区切りが分かりやすいので読みやすい。

　本書ではこれまで特に説明なく使ってきたが、Processing では波括弧のブロ

7.1 条件分岐（if 文）とは？ 71

ック内の各行の先頭を2文字分空けるという習慣がある。先のプログラム例（条件分岐の例3）では、2〜3行目の冒頭に空白が2個ずつ入っている。次に5〜11行目のうち、6〜7行目と9〜10行目は2つ目の波括弧ブロックの中にあるので、さらに2文字分空けている。この習慣を用いれば、冒頭の空白の数を見ることで、その命令がどの波括弧ブロックの中にあるのか一目で分かるようになる。このように、命令の記述位置をずらして、プログラムの構造を分かりやすくすることを**字下げ**（あるいは**インデント**）という。

このプログラム例に、字下げの構造を書き加えて次に再掲する。上から下へ点線をたどって見ることで、波括弧ブロックの始めと終わりを把握できる。

```
 1   if（今日の天気 == 晴れ）{
 2     出発時刻 = 7 時;
 3     移動時間 = 15 分;
 4   } else {
 5     if（今日の天気 == 曇り）{
 6       出発時刻 = 8 時;
 7       移動時間 = 20 分;
 8     } else {
 9       出発時刻 = 9 時;
10       移動時間 = 25 分;
11     }
12   }
```

なお、Processing では「編集」メニューの「自動フォーマット」[1]を選ぶと、

---

[1] Ctrl キーを押しながら t キーを押しても自動フォーマットができる。

自動的に字下げが行われるので、利用して欲しい。

7.2 if 文の質問の書き方

質問（条件式）の基本的な書き方

if 文の丸括弧内の質問の基本的な書き方を表 7.2.1 にまとめる。どの書き方も、演算子の左辺と右辺の内容を比較する形で質問を書くので、このときの演算子は**比較演算子**と呼ばれる。演算子により結ばれ、演算結果として値を持つ変数や数値の組み合わせのことを式というから、if 文の質問のことを**条件式**と呼ぶことが多い。

表 7.2.1　質問の基本的な書き方

演算子	書き方の例	意味
==	(a == 20)	a の値が 20 と等しい
!=	(a != 20)	a の値が 20 と等しくない
>	(a > 20)	a の値が 20 より大きい
>=	(a >= 20)	a の値が 20 以上
<	(a < 20)	a の値が 20 未満
<=	(a <= 20)	a の値が 20 以下

質問（条件式）の左辺や右辺には、式を書いてもよい（例：(a * 2 > 10) や (a * (b + c) > 8 + 1) など）。なお、「以上」と「以下」を表す演算子は、「=>」や「=<」とは書けないので注意すること。

7.2　if 文の質問の書き方　　　　　　　73

質問の組み合わせ方

　「x の値は 0 以上で 10 未満ですか？」という質問があったとする。これを Processing の条件式にするとき、「(0 <= x < 10)」と書きたくなるかもしれないが、このような書き方はできない。この場合は、「(0 <= x && x <= 10)」として、「&&」という演算子で 2 つの質問を組み合わせるとよい。表 7.2.2 に、質問を 2 つ組み合わせる書き方を示す。

表 7.2.2　質問の組み合わせ方

演算子	書き方の例	意味
&&	(a >= 1 **&&** b >= 2)	a が 1 以上で、**かつ** b が 2 以上
¦¦[1]	(a >= 1 **¦¦** b >= 2)	a が 1 以上、**または** b が 2 以上

　"&&" は英語の「AND」の意味を表し、日本語では「かつ」や「しかも」の意味となる。この組み合わされた条件式では、&&の両側の 2 つの質問に対する答えがどちらも "yes" の場合にのみ "yes" となり、そうでない場合は "no" となる。"¦¦" は英語では「OR」、日本語では「または」や「あるいは」の意味を表す。この場合は、¦¦の両側にある 2 つの質問に対する答えが、いずれか一方でも "yes" であれば "yes"、そうでなければ "no" となる。

　これらの演算子は、条件式の結果である "yes" と "no" の 2 値[2]に対して演算を行い、結果も同じく "yse" か "no" で与えられるので**論理演算子**と呼ばれる。

　比較演算子は、「(a == 1 && b == 1 && c == 1 && d == 1)」のように、さ

---

[1]　"¦" は Shift を押しながら¥キーを押す。フォント設定によっては "|" や "¦" といった見かけになる。

[2]　実際には、正しい（真、true）と正しくない（偽、false）の 2 値である（6.2 節参照）。

らに質問を組み合わせて複雑な条件式にすることも可能である。ただし、1つの条件式の中で&&と||を併用する場合は、&&の演算の方が先に処理されることに注意が必要である[1]。

7.3　波括弧の省略

if文では"yes"や"no"のときの処理部分、すなわちthen節とelse節を波括弧で囲んでいるが、波括弧内の命令数が1つだけの場合には波括弧を省略できる。したがって、次の4つのif文は、表現は違ってもすべて同じものである。

	①　波括弧を省略しない		②　then節の波括弧を省略
1	`if (mouseX > 100) {`	1	`if (mouseX > 100)`
2	`  fill(255, 0, 0);`	2	`  fill(255, 0, 0);`
3	`} else {`	3	`else {`
4	`  fill(0, 255, 0);`	4	`  fill(0, 255, 0);`
5	`}`	5	`}`
	③　else節の波括弧を省略		④　波括弧をすべて省略
1	`if (mouseX > 100) {`	1	`if (mouseX > 100)`
2	`  fill(255, 0, 0);`	2	`  fill(255, 0, 0);`
3	`} else`	3	`else`
4	`  fill(0, 255, 0);`	4	`  fill(0, 255, 0);`

---

[1] 加減算よりも乗除算の優先順が高いように（6.4節参照）、||と&&では&&が優先される。例えば(a==0 || b==0 && c==0)の質問は、a=0;b=1;c=2;のとき"yes"になる。((a==0 || b==0) && c==0)では"no"になる。

7.3 波括弧の省略　75

ただし、プログラミングに慣れないうちは波括弧を省略せずに書いた方が間違えにくいので、then 節、else 節とも波括弧で囲む①の書き方がよい。

章末課題

ex07_01

次のプログラムは、マウスの位置が画面の左半分にあるかどうかで、四角形を塗りつぶす色を変えるものであり、左半分にあれば赤色、右半分にあれば緑色にする。このプログラムを入力して実行し、動作を確認しよう。

	ex07_01.pde -- マウスの位置により四角形の色を変える
1	`void setup() {`
2	`  size(500, 500);`
3	`}`
4	
5	`void draw() {`
6	`  background (255);`
7	`  if(mouseX < width/2) {`
8	`    // マウスが左半分にある場合の処理`
9	`    fill(255, 0, 0);`
10	`  } else {`
11	`    // マウスが左半分にない場合の処理`
12	`    fill(0, 255, 0);`
13	`  }`
14	`  rect (0, 0, width, mouseY);`

| 15 | } |

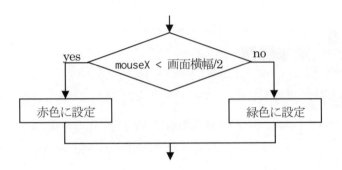

ex07_02

ex07_01 のフローチャートとプログラムを参考にして、マウス位置が画面の左半分にある場合は長方形、右半分にある場合は三角形を描くプログラムを作成しよう。両図形の位置や色などは指定しないので、自由に決めてよい。

ex07_03

マウス位置が画面の上端から下方 3 分の 1 以内にある場合には赤色、3 分の 1 から 3 分の 2 の範囲にある場合には紫色、それ以外は青色の円を描くプログラムを作成しよう。

ex07_04

size 命令で画面の幅を 500×500 に設定し、line 命令で座標(0, 0)から(500, 500)まで直線を描き、マウス位置がその直線より上側にある場合には灰色、下側の場合はオレンジ色の四角形を描くプログラムを作成しよう。

7.3 波括弧の省略

ex07_05

size 命令で画面の幅を 500×300 に設定し、line 命令で座標(500, 0)から(0, 300)まで直線を描く。そして、マウス位置がその直線より上側にある場合には灰色の四角形を、下側にある場合はオレンジ色の四角形を描くプログラムを作成しよう。

(ヒント)

画面の右上端と左下端を通る直線の方程式の傾きを求めて利用するとよい。

ex07_06

次のプログラムはマウスボタンを押している間だけ小さな四角形を描くプログラムである。入力して実行確認し、仕組みを理解しよう。

	ex07_06.pde -- マウスボタンを押している間四角形を描く
1	`void setup() {`
2	`  size(500, 500);`
3	`}`
4	
5	`void draw() {`
6	`  background(255);`
7	`  if(mousePressed == true) {`
8	`    rect(mouseX, mouseY, 20, 20);`
9	`  }`
10	`}`

※マウスが押されているときは、システム変数 mousePressed の値が論理値の true に、押されていないときは false になる（6.5 節参照）。ここでは true は

78 第 7 章　条件分岐(if 文)を使おう

マウスを押している状態を表す。よって、この if 文ではマウスが押されているときのみ rect 命令が実行される。

ex07_07

前問 ex07_06 をもとに、次に示すような歩行者信号機の動作をするプログラムを作成しよう。

> マウスボタンを押している間は画面下部に青緑色の四角形を描く。そうではない場合は画面上部に赤色の四角形を描く。

ex07_08

円が画面の左側から右へ移動するプログラム例を 6.1 節の ballMove.pde で見たが、ここでは円が画面端に着くと反射して反対方向に移動するプログラムを示す。

	ex07_08.pde -- 円が左右方向に行ったり戻ったりするプログラム
1	float x, y;　// 円の座標を入れる
2	float moveX; // 円が毎回 x 方向にどれだけ移動するかを入れる
3	
4	void setup() {
5	size(200, 400);
6	x = 0;
7	y = height / 2;
8	moveX = 1;
9	}

7.3 波括弧の省略   79

```
10
11  void draw() {
12    background(255);
13    ellipse(x, y, 20, 20);
14    x = x + moveX;
15
16    if (x >= width || x <= 0) {
17      moveX = -moveX;
18    }
19  }
```

　このプログラムでは変数 moveX を用意し、円を右に動かしたい場合は moveX に正の数(+1)を設定、左に動かしたい場合は moveX に負の数(-1)を設定することで円の方向を変えられるようにしている。このプログラムを入力して実行し、円が画面の左右両端で反射することを確認しよう。

ex07_09

　前問 ex07_08 をもとに、円が上下方向へ移動して画面の上端や下端に着くと反対方向に反射するようなプログラムを作成しよう。

ex07_10

　ex07_08 で示したプログラムは、円の中心座標が画面の端に達したときに反射するものであった。そのため、壁付近でのボールの動きをよく見ると、ボールが壁にめり込むような表現になっている。そこで、円周が画面の端に接した時点で反射するように改良しよう。

ex07_11

円が画面の左上から右下に移動し、下図のように下端に着いたら反射するように向きを変えるプログラムを作成しよう。画面や円の大きさ、円の色や速さなどは自由に決めてよい。

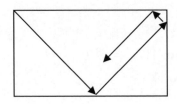

なお、この課題のプログラムができたら、ボールが壁にぶつかったときに、それが見ている人によく伝わるような表現（例えば壁にぶつかったときだけボールが赤色に変わるなど）を各自考えてプログラムに組み込んでみてもよいだろう。

第8章　繰り返し処理を使おう

　本章では、コンピュータが得意とする繰り返し処理について説明する。人は同じことを何度も繰り返すと、疲れたり飽きたりしてしまい、途中で止めたり間違いを起こしたりしがちであるが、コンピュータは何千回、何万回と同じ処理を繰り返しても正確に最後まで実行する。近年話題になっている人工知能や機械学習でも、コンピュータは反復学習を延々と行って、人のようなふるまいかたを身に付けるのである。しかし、その繰り返しを行わせているのはプログラムであり、それを作成したプログラマであることを見落としてはならない。

　Processing にも、繰り返し用の命令として while 文、for 文、do〜while 文が用意されている。その中で、ここでは while 文と for 文について述べる。

8.1　while 文による繰り返し

　繰り返しの基本的な処理の流れは、図 8.1.1 のようになる。まずは、必要に応じて初期化の処理を行った後、ひし形の条件（判断）部分で、繰り返しを行うかどうか判定する。繰り返す場合は、"yes" をたどって命令を順次実行する。命令 N まで実行したら、再びひし形の判断へと戻り、さらに繰り返すかどうか判定する。この処理を、while 文を用いて書くと次のようになる。

1	初期化;
2	while（繰り返すかどうかの判定）{
3	命令 1;

4	命令 2;
5	:
6	命令 N;
7	}

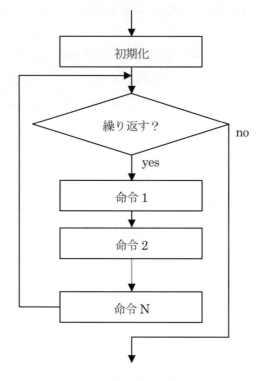

図 8.1.1　繰り返し処理の流れ

　実際の例で見てみよう。次のプログラムは、画面の左端から右端まで 20 ピクセルおきに、直径 10 の円を繰り返し描くプログラムである。

8.1 while 文による繰り返し　　　　83

	while.pde – while 文で円を繰り返し描く
1	`float x;`
2	
3	`void setup() {`
4	`  size(400, 400);`
5	`}`
6	
7	`void draw() {`
8	`  background(255);`
9	`  x = 0;` `// 初期化処理`
10	`  while (x <= width) {` `// 繰り返すか判定する`
11	`    ellipse(x, height/2, 10, 10);` `// 直径 10 の円を描く`
12	`    x += 20;` `// x を増やす`
13	`  }`
14	`}`

　10 行目の while 文の丸括弧内には、if 文の条件式の場合と同じ書き方（7.2 節参照）で繰り返し条件を書く。この例の場合は、x の値が画面の横幅(width)以下である限り、波括弧ブロック内の内容を繰り返すことになる。

　while 文を書く際に必ず守るべきことは、確実に繰り返しが終わるようにすることである。繰り返しがいつまでも終わらないプログラムを作ってしまうと、強制終了するまでずっと波括弧の中のブロックが実行され続ける。このような状態のことを**無限ループ**という。万一そのようなプログラムを作ってしまい、実行が終了しない場合は、Processing 本体窓の停止ボタンを押してプログラムを強制終了する必要がある。

　なお、if 文の場合と同様（7.3 節参照）、繰り返し内容が 1 つの命令しかない

ときには、次の例の 9 行目のように波括弧を省略できる。ただし、慣れないうちは省略しない方がよい。

```
1   //---------- while 文の例 1（通常は波括弧を書く）
2   float a = 0;
3   while (a < 10) {
4     a += 3;
5   }
6
7   //---------- while 文の例 2（命令 1 つの場合は波括弧を省略可）
8   float b = 0;
9   while (b < 10) b += 3;
```

8.2　for 文による繰り返し

while 文は条件を満たしている限り繰り返しを行う構文であった。for 文はwhile 文と同様に繰り返しを行う構文であるが、for 文は一般的に、繰り返し回数があらかじめ決まっている場合に用いられることが多い。for 文は次のように記述する。

```
1   for（初期化; 繰り返すかどうかの判定; 命令 N）{
2     命令 1;
3     命令 2;
4       :
5     命令 N-1;
```

8.2 for 文による繰り返し   85

6	}

for 文の処理の手順は次のとおりである。

1. 1行目の「初期化」を実行する。
2. 1行目の「繰り返すかどうかの判定」を行う。
3. 繰り返すと判定された場合は、波括弧内の 2〜5 行目の「命令 1」〜「命令 N-1」を順に実行する。そうでない場合は、繰り返しをせずに 7 行目に進む。
4. 1行目の「命令 N」を実行する。
5. 手順 2 に戻る。

前節のプログラム while.pde を、for 文を用いて書き変えた例を次に示す。

	for.pde -- for 文で円を繰り返し描く
1	`float x;`
2	
3	`void setup() {`
4	`  size(400, 400);`
5	`}`
6	
7	`void draw() {`
8	`  background(255);`
9	`  for (x = 0; x <= width; x += 20) {`
10	`    ellipse(x, height/2, 10, 10);` // 直径 10 の円を描く

86　　　　　　　　第 8 章　繰り返し処理を使おう

11	}
12	}

　while.pde では、9、10、12 行目でそれぞれ、x の初期化、繰り返し判定、x の値の更新を行っていたが、ここではそれが 9 行目の 1 行に収まっている。これら 3 つの処理にはすべて変数 x が関わっており、このように 1 つの変数が繰り返しの判断を左右するような場合には for 文の方が手短に記述できる。

for 文の典型例

　for 文の典型的な使用例として、反復回数が最初から決まっており、何らかの処理を一定回数繰り返す例を次に示す。この例では、変数 i の値が 0 から 9 まで 1 ずつ増加していって、10 回の繰り返しが行われる。for 文の繰り返しブロックを抜けて、5 行目に達したときの i の値は 10 である。

```
1  int i;
2  for (i = 0; i < 10; i++) {
3     繰り返したい処理を書く
4  }
5
```

　同じ 10 回の繰り返しの場合、次のように i の値を 1 から 10 まで増加させる書き方もある（判定部分を i<11 と書いてもよい）。この場合、5 行目に達したときの i の値は 11 になる。

8.2 for 文による繰り返し

```
1   int i;
2   for (i = 1; i <= 10; i++) {          //判定部分は i<11 でもよい
3       繰り返したい処理を書く
4   }
5
```

さらに、i の値を 10 から 1 まで減少させる書き方も可能であり、2 行目を次のようにすればよい。5 行目に達したとき、i の値は 0 になる。

```
1   int i;
2   for (i = 10; i >= 1; i--) {
3       繰り返したい処理を書く
4   }
5
```

なお、while 文や if 文と同様に、for 文でも繰り返し内容が 1 命令の場合は、次のように波括弧を省略できる。

```
1   float a = 0, i;
2   for (i = 0; i < 10; i++) a += i;
```

制御変数について

上述の例では変数 i がカウンタの役割を持ち、その値が繰り返しの可否の判定に使用される。このような変数のことを**制御変数**と呼ぶ。制御変数を 1 つの for 文内だけでしか使わないのであれば、次のように丸括弧内で変数宣言を行

ってもよい。この場合、変数 i は 1 行目で作成されて、繰り返し終了後には削除される。

```
1  for (int i = 1; i <= 10; i++) {     // 制御変数の宣言も行う
2      繰り返したい処理を書く
3  }
```

章末課題

ex08_01

while 文を使用して、下図のように三角形と長方形で作った木の図形を等間隔にいくつも描かせるプログラムを作成しよう。

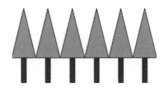

解答例（部分）を次に示す。

```
1  //---------- 解答例（部分）
2  x = 0;
3  while (x < width) {
4      三角形と四角形で木を 1 つ描く
5      （その際に x を利用して座標指定する）
```

8.2 for 文による繰り返し 89

6	`    x = x + 50;`
7	`}`

このプログラム例では、while 文で繰り返しを行うたびに x の値が 50 ずつ増えるようになっており、x=0, 50, 100, 150,…と横方向に等間隔で描画できる。

ex08_02

前間 ex08_02 を、for 文を用いたプログラムに書き変えよう。

ex08_03

for 文を用いて、紅白の垂れ幕を描くプログラムを作成しよう。さらに、システム変数 `frameCount` を利用して、この垂れ幕が画面の上方から下りてくるような動きを付け加えよう。

（ヒント）

垂れ幕部分は、for 文の波括弧ブロックの中に、赤色の四角形と白色の四角形を描く処理を書き、それを画面の左端から右端まで繰り返すようにすればよい。

ex08_04

マウスの現在位置から下方に向けて、20 ピクセルおきに直径 10 の円を 8 個並べて描画するプログラムを作成しよう。

ex08_05

マウスの現在位置から右斜め上（傾きは 45 度とする）に向けて、直径 10 の円を 8 個並べるプログラムを作ろう。その際、x の間隔が 20 ピクセルおきになるようにすること。

ex08_06

ex08_02 のプログラムの繰り返し処理（横方向）を包み込む形で、その外側に縦方向の繰り返しを行う for 文を追加して、下図のように木が縦横に等間隔にいくつも並ぶように改良しよう。

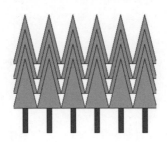

解答例（部分）を次に示す。

```
1  //---------- 解答例（部分）
2  for (y = 0; y < height; y += 60){
3      for (x = 0; x < width; x += 50){
4          x と y を利用して決めた場所に木を1つ描く
5      }
6  }
```

枠内（3〜5行目）は ex08_02 と同じ部分（ただし、座標指定で変数 y も利用する）であり、それを包むように新たな for 文を作る。この for 文で、y の値は y=0, 60, 120, 180,… と等間隔に増加する。そして、その y に関する各繰り返しの中で、さらに x の値が x=0, 50, 100, 150, … と変化して、縦横方向の繰り返し処理が行われることになる。

8.2 for 文による繰り返し 91

ex08_07

前問 ex08_06 を改良して、下図のように、縦方向に繰り返すたびに木を少しずつ横にずらして描くようにしよう。

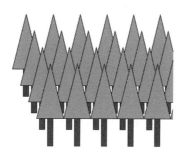

第9章　マウス操作に反応させよう

　多くのソフトウェアでは、ユーザがマウスやキーボードなどの入力デバイス
を使って、何らかの操作を行うことができるようになっている。本章では、マ
ウス操作に対応したプログラムの作り方について説明する。

9.1　マウス操作に関するシステム変数

　マウス操作に関するシステム変数には mouseX、mouseY、pmouseX、pmouseY、
mousePressed、mouseButton の 6 つがある。表 9.1.1 にそれらの説明をまとめ
る。

表 9.1.1　マウス操作に関するシステム変数

変数名	説明
mouseX mouseY	現在マウスのある場所の x 座標値、y 座標値が入れられる。
pmouseX pmouseY	直前にマウスがあった場所の x 座標値、y 座標値が入れられる。
mousePressed	マウスボタンを押しているときは true、そうでない時は false が入れられる。
mouseButton	マウスボタンを押したとき、押したボタンの種類によって LEFT、CENTER、RIGHT のいずれかが入れられる。初期値は 0 である。

9.1 マウス操作に関するシステム変数

一筆書きのペイントプログラム

表 9.1.1 のシステム変数について、簡単なペイントソフトのプログラム作成を例にして見ていこう。プログラムは次のようになる。

	simplePaint1.pde -- 一筆書きのペイントプログラム
1	`void setup() {`
2	`  size(500, 500);`
3	`  background(255);`
4	`}`
5	
6	`void draw() {`
7	
8	`  line(pmouseX, pmouseY, mouseX, mouseY);`
9	
10	`}`

後述の例で改造するために、7、9 行目は空白にしている。プログラムを実行すると、まず 500×500 の大きさの窓が作られ、白色で塗りつぶされる（2～3行目）。そして鉛筆で絵を描くように、マウスの動きに合わせて黒色の線が引かれる（8 行目）。

Processing では、draw ブロック内の命令を高速で何回も繰り返し実行しており、mouseX と mouseY はその時点での最新のマウス位置の座標を持っている。また、pmouseX と pmouseY は、前回 draw ブロックが実行されたときのマウス位置の座標を持つ。したがって、8 行目の line 命令により、前回のマウス位置から現在のマウス位置まで直線を引かせているので、鉛筆で一筆書きを行うようなプログラムとなる。

94   第 9 章　マウス操作に反応させよう

マウスボタンを利用したペイントプログラム

　一般的なペイントソフトでは、鉛筆が紙に触れた状態と離れた状態とをマウスボタンの操作で区別するのが普通である。そこで次のように、7、9 行目にこの動作を行う命令を追加してみる。

```
       simplePaint2.pde -- マウスボタンを押したときに描画する
 1   void setup() {
 2     size(500, 500);
 3     background(255);
 4   }
 5
 6   void draw() {
 7     if (mousePressed == true) {
 8       line(pmouseX, pmouseY, mouseX, mouseY);
 9     }
10   }
```

　7 行目に追加した if 文の条件式中のシステム変数 mousePressed には、ユーザがマウスボタンを押している間は true、そうでないときは false の値が入っている（6.2 節、7.2 節参照）。したがって、mousePressed が true のときにのみ、then 節の 8 行目が実行される。つまり、マウスボタンを押している状態が鉛筆を紙に押し当てている状態となり、押したままでマウスを動かせば line 命令により線が描かれるのである。

消しゴムがあるペイントプログラム

　ペイントソフトには、鉛筆以外に消しゴムも必要である。そこで、マウスの

9.1 マウス操作に関するシステム変数

左ボタンを鉛筆、それ以外のボタンを消しゴムに割り当てよう。次のプログラムは、前述のプログラム simplePaint2.pde の7行目と8行目の間に消しゴム実現のための命令を追加したものである。

	simplePaint3.pde – 消しゴムがあるペイントソフト
1	`void setup() {`
2	`  size(500, 500);`
3	`  background(255);`
4	`}`
5	
6	`void draw() {`
7	`  if (mousePressed == true){`
8	`                              // 消しゴムのための追加部分`
9	`    if (mouseButton == LEFT) { // 左ボタンを押していたら、`
10	`      stroke(0);              // 黒い絵の具を持ち、`
11	`      strokeWeight(1);        // 線の太さを細くする。`
12	`    } else {            // それ以外のボタンを押していたら、`
13	`      stroke(255);            // 白い絵の具を持ち、`
14	`      strokeWeight(20);       // 線の太さを太くする。`
15	`    }                         //`
16	
17	`    line(pmouseX, pmouseY, mouseX, mouseY);`
18	`  }`
19	`}`

プログラムの9行目のシステム変数 mouseButton には、マウスボタンを押し

96 第9章 マウス操作に反応させよう

ているときは LEFT、CENTER、RIGHT のいずれかが、そうでないときは 0 が入る
ので、それらの値を利用して if 文により場合分けしている。よって、左ボタン
を押していたときには 10〜11 行目が実行され、それ以外のボタンのときは 13
〜14 行目が実行される。消しゴムは白色の太線を描くことで実現している。

9.2 マウス操作に関する関数

　前節で説明したシステム変数を mousePressed 使うと、マウスボタンが押さ
れている状態かどうかの検出ができる。しかし、マウスボタンを 1 回クリック
したときに何らかの処理を 1 回だけ行いたい場合や、マウスボタンを押したと
きと離したときにそれぞれ 1 回ずつ処理を行いたい場合などには利用できない。
そのような場合には**関数**（説明はすぐ後で述べる）を用いる。マウス操作に関
する関数を表 9.2.1 にまとめる。

表 9.2.1　マウス操作に関する関数

関数名	説明
mouseClicked()	マウスボタンをクリックしたときに呼び出される関数。
mousePressed()[1]	マウスボタンが押されたときに呼び出される関数。
mouseReleased()	マウスボタンが離されたときに呼び出される関数。

---

[1]前節で紹介したシステム変数 mousePressed と同名であるため、混同しないよ
う注意して欲しい。

9.2 マウス操作に関する関数 97

mouseMoved()	マウスボタンを押さない状態でマウスを動かす度に呼び出される関数。
mouseDragged()	マウスボタンを押した状態でマウスを動かす度に呼び出される関数。
mouseWheel()	マウスホイールを回転させたときに呼び出される関数。

　これまでのプログラムで何度も使ってきた setup()や draw()は、実は関数である。つまり、「void setup(){命令 1; 命令 2; …}」のようなひとまとまりのブロックのことを関数という。

　setup()や draw()を作るのと同じ要領で、表 9.2.1 に掲載した名前の関数を作っておけば、所定のマウス操作を行ったときに、対応する名前の関数が呼び出され、そのブロック内に書かれた命令が実行されるようになる。

　以降の節では、表9.2.1に載せた関数のうち、mouseClicked()、mousePressed()、mouseReleased()、mouseWheel()についてプログラム例を挙げて説明する。

マウスボタンのクリックに1回反応させる

次のプログラムは、マウスボタンをクリックしたときに円を描く例である。

	mouseClicked.pde -- マウスをクリックしたときに円を描く
1	`void setup() {`
2	`  size(500, 500);`
3	`  background(255);`
4	`}`
5	

```
 6  void draw() {
 7    stroke(255, 150, 0, 100);
 8    line(pmouseX, pmouseY, mouseX, mouseY);
 9  }
10
11  //-----------------------------
12  // マウスをクリックしたときに実行する関数
13  void mouseClicked() {
14    fill(255, random(150, 255), random(255), 100);
15    noStroke();
16    ellipse(mouseX, mouseY, 50, 50);
17  }
```

　プログラムの 13〜17 行目がマウスをクリックしたときに実行される処理であり、塗りつぶし色をランダムに決めて[1]、マウス位置に直径 50 の円を描くようにしている。

　Processing ではプログラムが実行されると、まず setup()を 1 回だけ実行した後に、draw()を何度も繰り返して実行するが、それと並行して、ユーザがマウスをクリックしたときに mouseClicked()を 1 回実行する。

　このプログラムを入力して実行し、マウスを動かしたりクリックしたりして動作を確かめてみよう。また、ボタンを押し、マウス位置を少しだけ動かした後にボタンを離した場合は、クリックと見なされないことも確認しよう。

---

[1] random 命令は丸括弧内で指定した範囲の数値をランダムに与える数学関数である。「random(150, 255)」では 150 以上 255 未満の範囲からランダムに選ばれた数値を返す。「random(255)」では 0 以上 255 未満の範囲からランダムに選ばれた数値を返す。詳しくは 11.1 節を参照。

9.2 マウス操作に関する関数

マウスボタンを押した瞬間と離した瞬間に1回反応させる

次に、マウスボタンを押した瞬間や離した瞬間に1回だけ処理を行う場合を考える。このようなときは、mousePressed()とmouseReleased()を用いる。次に示すのは、マウスボタンを押した所から、それを離した所まで直線を引くプログラムである。

```
        drawLine.pde -- マウスで直線を引くプログラム
1  float startX, startY;
2
3  void setup() {
4    size(500, 500);
5    background(255);
6  }
7
8  void draw() {
9  }
10
11 //-----------------------------
12 // マウスボタンを押したときに実行する関数
13 void mousePressed() {
14   startX = mouseX;
15   startY = mouseY;
16 }
17
18 //-----------------------------
```

19	`// マウスボタンを離したときに実行する関数`
20	`void mouseReleased() {`
21	`  line(startX, startY, mouseX, mouseY);`
22	`}`

　ユーザがマウスボタンを押すと 13〜16 行目が実行され、変数 startX、startY にそのときのマウス座標値が代入される。その後、ボタンを離すと 20〜22 行目が実行されて、ボタンを押したときの座標(startX, startY)から離したときの座標(mouseX, mouseY)まで直線が引かれる。

マウスホイールの回転に反応させる

　マウスホイールを回転させたときに呼ばれる関数 mouseWheel()は、mouseReleased()などの使用法とはやや異なる。次のプログラム例を見てみよう。

	mouseWheel.pde -- マウスホイールを用いる例
1	`float r;`
2	
3	`void setup() {`
4	`  size(200, 200);`
5	`  background(0);`
6	`}`
7	
8	`void draw() {`
9	`}`
10	

9.2　マウス操作に関する関数

101

```
11  //------------------------------
12  // ホイールスクロールを回転させたときに実行する内容
13  void mouseWheel(MouseEvent event) {
14    float value = event.getCount();
15    background(0);
16    if (value > 0) {
17      fill(255, 255, 0);
18      text(value, 100, 100);
19    } else {
20      fill(0, 255, 255);
21      text(value, 100, 100);
22    }
23    r += value;
24    fill(0, 255, 0);
25    rect(100, 50, r, 20);
26  }
```

　プログラムを実行して、マウスホイールをスクロールさせると、黄色または
水色で数値が表示され、緑色の四角形の長さが変化する。14 行目では、
event.getCount()命令を用いてスクロールの向きに応じた値（下向き回転のと
き 1、上向きのとき-1)[1]を変数 value に代入する。そして、16〜22 行目で value
の値を表示し、23〜25 行目では value の値を r に加算して、スクロールさせる
につれて四角形の長さが変わるようにしている。

---

[1] ただし、これらの値は PC の設定によって逆転する場合がある。

102　　第 9 章　マウス操作に反応させよう

章末課題

ex09_01

　横幅が 400、縦幅が 400 の画面の中央に縦線を 1 本引いて、その線より左側でマウスをクリックしたときは画面を赤色に、右側でクリックしたときは青色にするプログラムを作成しよう。

ex09_02

　画面の中央に小さな四角形を描いて、マウスの左ボタンをクリックするたびにその四角形が左方向へ、右ボタンだと右方向へ移動するプログラムを作成しよう。

ex09_03

　次の手順にしたがって、クリックするたびに円→三角形→四角形→円→…の順番で図形が入れ替わって表示されるプログラムを作成しよう。

- 　整数を入れる変数 mode を用意し、値を 0 に初期化する。
- 　マウスが 1 回クリックされたら mode の値を 1 増やす。ただし、増やした結果の値が 3 以上になるときは値を 0 にする。
- 　mode の値が 0 のときは円形、1 は三角形、2 は四角形を表示する。

ex09_04

　マウスボタンを押している間、空気が入って風船（円で表すものとする）が膨らんでいく様子を描くプログラムを作成しよう。

9.2 マウス操作に関する関数

ex09_05

マウスボタンを押している間は沈み、離すと浮き上がる泡（円で表すものとする）の動きを表現するプログラムを作成しよう。

ex09_06

次の手順にしたがって、マウスドラッグで直線を1本引き、その直線が画面上方に上がって行くプログラムを作成しよう。

- 関数 mousePressed()を作り、マウスボタンを押したときの座標を変数 startX と startY に保存する。
- 関数 mouseReleased()を作り、マウスボタンを離したときの座標を変数 endX と endY に保存する。
- 関数 draw()では、システム変数 mousePressed が false のときに startY と endY の値をそれぞれ1ずつ減らし、line 命令で座標(startX, startY)と座標(endX, endY)とを結ぶ直線を引く。

ex09_07

次の手順にしたがって、簡単なモグラ叩きゲームを作成しよう。

- モグラの位置を入れる変数 moguraX、moguraY を用意し、random 命令を使ってモグラの現われる場所を決める。
- 座標(moguraX, moguraY)に直径 50 の円を描いて、この円をモグラと見なす。
- mouseClicked()を用いて、プレイヤーがマウスをクリックしたときに、マウスの現在位置(mouseX, mouseY)とモグラの位置(moguraX, moguraY)との間

104 第 9 章 マウス操作に反応させよう

の距離を計算し、変数 d に代入する。なお、距離の計算は、dist 命令[1]により

```
float d = dist(mouseX, mouseY, moguraX, moguraY);
```

として求めることができる。

・ 得られた d の値が 25 以下であればモグラを叩いたことにして、randam 命令により新たなモグラの位置 moguraX と moguraY の値を決める。

さらにゲーム性を高めようと思うなら、次の拡張を行うとよい。

・ モグラが左右方向、または上下方向にゆっくりと動くようにする。
・ モグラを叩いたときや外れたときに、「当たり！」、「はずれ」などと表示させて結果が分かるようにする。
・ スコアを計算して、画面の隅に表示する。

---

[1] この命令は、**三平方の定理（ピタゴラスの定理）** を用いて 2 点間の距離を求めるものである。

第10章　キーボード操作に反応させよう

　前章ではマウス操作に対応したプログラムの作り方を説明したので、本章ではキーボード操作に対応させる方法について述べる。マウス操作にシステム変数と関数とがあったのと同様に、キーボード操作にもシステム変数と関数とがあるので、それらを順に説明する。

10.1　キーボード入力に関するシステム変数

　キーボード入力に関するシステム変数には keyPressed、key、keyCode の 3 つがある。表 10.1.1 にそれらの説明をまとめる。

表 10.1.1　キーボード入力に関するシステム変数

変数名	説明
keyPressed	キーを押しているときは true、そうでない時は false が入れられる。
key	英数字や記号などの文字キーや BackSpace などの非文字キーを押したとき、そのキーが入れられる。
keyCode	上下左右の矢印キーや Ctrl、Alt、Shift キーを押したとき、そのキーが入れられる。

文字キーの入力に反応させる

　表 10.1.1 のシステム変数のうち keyPressed と key を使って、キー操作で円

106 第 10 章　キーボード操作に反応させよう

を左右方向に移動させるプログラムを次に示す。ただし、a キーを押すと左へ
移動、d キーで右へ移動とする。

	keyPressed.pde - a、d キーを押すと円が動くプログラム
1	`float x;`
2	
3	`void setup() {`
4	`  size(400, 200);`
5	`  x = width / 2;`
6	`}`
7	
8	`void draw() {`
9	`  background(255);`
10	`  ellipse(x, 100, 50, 50);`
11	
12	`  if (keyPressed == true) {`
13	`    if (key == 'a') {`
14	`      x--;`
15	`    } else if (key == 'd') {`
16	`      x++;`
17	`    }`
18	`  }`
19	`}`

　12〜18 行目がキー入力に関する処理の部分である。12 行目の if 文では、ユ
ーザが何かのキーを押しているときに条件式が成り立ち、then 節（13〜17 行

10.1 キーボード入力に関するシステム変数　　　107

目）を実行する。13、15 行目の if 文で押されたキーの内容の確認を行ってい
る。なお、大文字の A と D も受け付けるようにしたいなら、条件式を組み合わ
せて「if (key == 'a' || key == 'A')」とすればよい（7.2 節参照）。

特殊なキーの入力に反応させる1

キーの中には、BackSpace など文字キー以外の特殊なキーがある。これらの
キーについては、その種類によって 2 つの方法を使い分けることになる。

まず、BackSpace、Delete、Tab、Enter、Return キーは、それぞれ次のプログ
ラム例のようにして検出する。

	keyPressed2.pde – 特殊キーの入力を検出するプログラム 1
1	`void setup() {}`
2	`void draw() {`
3	`  if (keyPressed == true) {`
4	`    if (key == BACKSPACE) { println("bs");      }`
5	`    if (key == DELETE) {    println("delete"); }`
6	`    if (key == TAB) {       println("tab");    }`
7	`    if (key == ENTER) {     println("enter");  }`
8	`    if (key == RETURN) {    println("return"); }`
9	`  }`
10	`}`

ただし改行キーを押したときは、OS の種類によって、key に ENTER が代入さ
れる場合と RETURN が代入される場合とがある[1]。そのため、「if (key == ENTER

---

[1]筆者の Windows 環境では改行キーを押すと ENTER が検出される。

108　　　　　　　第 10 章　キーボード操作に反応させよう

|| key == RETURN)」として両方検出するようにしておけば確実である。

特殊なキーの入力に反応させる 2

　上下左右の矢印キーや Ctrl、Alt、Shift キーの場合、どのキーが押されてもシステム変数 key には CODED という値が入る。そこで、次のプログラム例のように、システム変数 keyCode を利用して、どのキーが押されたのか検出する。

	keyCode.pde -- 特殊キーの入力を検出するプログラム 2
1	`void setup() {}`
2	`void draw() {`
3	`  if (keyPressed == true) {`
4	`    if (key == CODED) {`
5	`      if (keyCode == UP) {        println("up");      }`
6	`      if (keyCode == DOWN) {    println("down");   }`
7	`      if (keyCode == LEFT) {     println("left");    }`
8	`      if (keyCode == RIGHT) {   println("right");  }`
9	`      if (keyCode == CONTROL) { println("ctrl");   }`
10	`      if (keyCode == ALT) {       println("alt");     }`
11	`      if (keyCode == SHIFT) {    println("shift");  }`
12	`    }`
13	`  }`
14	`}`

　このプログラムでは、キーが押された状態であるとき、4 行目の条件式で上記の特殊キーであることを確認してから、さらに 5〜11 行目の各条件式でどのキーか判定する。

以上のように、特殊なキーの入力を検出する方法は、キーの種類によって異なるので注意が必要である。

10.2　キーボード入力に関する関数

Word や「メモ帳」などのテキストエディタで、しばらく a キーを押し続けてみると、PC の設定にもよるが、通常は画面上に「a」が 1 個現れ、それから 1 秒ほど経って「aaaaa…」と連続して現れる。しかし、ゲームでキーボードからキャラクターを操作する場合や、前節のプログラム keyPressed.pde による円の左右移動などの場合は、これとは動作が異なる。これらの場合は、キーを押し続けると、キャラクターや図形はすぐさま連続的に移動し始める。

一般に、パソコンで文章を書くときは、同じ文字を何度も続けて入力することはまれである。ところが、上述のゲームや keyPressed.pde のようなキーの検知方法を使うと、わずかな押下時間でも、連続的に入力が検知されるので、例えば test と 4 文字分入力しても「tttteessssstttt」のように複数個ずつ入力されてしまうことが起こる。

そこで本節では、文字入力に適した検出を行うために、表 10.2.1 に示す関数について説明する。

表 10.2.1　キー入力に関する関数

関数名	説明
keyTyped()	キーを入力した（キーを押して離した）ときに呼び出される関数。
keyPressed()	キーを押したときに呼び出される関数。
keyReleased()	キーを離したときに呼び出される関数。

110 第 10 章 キーボード操作に反応させよう

keyTyped () を使ったプログラム

次に示すのは、ユーザが入力した文字とそのときの frameCount の値とをコ
ンソール領域に表示するプログラムの例である。

	keyTyped.pde -- 関数 keyTyped()の使用例
1	void setup() {}
2	void draw() {}
3	
4	//------------------------------
5	// キータイプしたときに実行される内容
6	void keyTyped() {
7	println(frameCount, key);
8	}

```
391 a
466 b
497 b
499 b
500 b
502 b
504 b
> コンソール
```

このプログラムを実行すると、draw ブロックの命令が何度も繰り返し実行さ
れるが、ユーザのキータイプが検出されると、6〜8 行目の keyTyped()のブロ
ック中の命令も並行して実行される。

プログラムを実行して、開いたグラフィック用の画面上をクリックした後、
どれかの英字キーを長押ししてみよう。そのキーがコンソール領域に 1 文字表
示されてから、少し間が空いて、その後連続して表示される。このときの 1 文
字目の後の間が、keyTyped()による文字検出の特徴である。

上記のプログラム中に示した実行結果の例図では、b キーを長押ししている。
最初に「b」が表示されたときの frameCount の値は 466 だが、2 つ目の「b」が
表示されたときの値は 497 であり、その間に 31 回 draw ブロックが実行されて
いたことが確認できる。そしてそれ以降の値を見ると、draw ブロックを 1〜2
回実行する速さで「b」が表示されていることが確認できる。

10.2 キーボード入力に関する関数 111

keyPressed()と keyReleased()を使ったプログラム

次に、関数 keyPressed()と keyReleased()を使ったプログラム例を見てみよう。

	keyReleased.pde - 関数 keyPressed()と keyReleased()の使用例
1	void setup() {}
2	void draw() {}
3	
4	//-----------------------------
5	// キーを押したときに実行される関数
6	void keyPressed() {
7	println("pressed: ", key);
8	}
9	
10	//-----------------------------
11	// キーを離したときに実行される関数
12	void keyReleased() {
13	println("released: ", key);
14	}

　このプログラムを実行すると、ユーザがキーを押したときに keyPressed()が、離したときに keyReleased()がそれぞれ呼ばれる。キーを長押しした場合、keyPressed()は前述の keyTyped()の場合と同様に、しばらく間をおいてからリピート入力される。一方、keyReleased()が呼ばれるのは、ユーザがキーを離した瞬間の 1 回のみである。

　このように、keyPressed()と keyTyped()の動作は似ているが、keyTyped()の

112　　　　　第 10 章　キーボード操作に反応させよう

方が呼ばれるタイミングが若干遅く、また上下矢印キーや Shift キーなどを押し
たときには反応しないという違いがある。

keyTyped()を利用した簡易タイプライタ

　keyTyped()の応用例として、ユーザが入力した文字を画面に書き出していく
プログラムの例を次に示す。

	typeWriter.pde -- 入力した文字を画面に書き並べる
1	`float x = 0, y = 0;    // 入力文字を表示する位置の座標`
2	
3	`void setup() {`
4	`  size(200, 200);`
5	`  background(255);`
6	`  textSize(20);`
7	`  textAlign(LEFT, TOP);`
8	`  fill(100, 100, 255);`
9	`}`
10	
11	`void draw() {}`
12	
13	`//-----------------------------`
14	`// キータイプしたときに実行する関数`
15	`void keyTyped() {`
16	`  text(key, x, y);`
17	`  x += textWidth(key);`

10.2　キーボード入力に関する関数　　　113

18	`if (key == ENTER		key == RETURN) {`
19	`  x = 0;`
20	`  y += 20;`
21	`}`
22	`}`

　このプログラムを実行し、ユーザがキーをタイプすると、15〜22 行目の
keyTyped()が呼ばれる。そこでは、入力された文字を座標(x, y)に表示して、x
の値を 1 文字分増やす。改行キーが押されると、x を 0 に戻して、y を 1 行分
増やす。

章末課題

ex10_01

　画面上に四角形を描き、10.1 節の keyPressed.pde を参考にして、キー入力
により四角形が上下左右に移動するプログラムを作成しよう。使用するキーは
入力しやすいものを選ぶこと。

ex10_02

　ユーザがスペースキーを入力した回数を画面に表示するプログラムを作成し
よう。すなわち、int 型の大域変数 spaceCount を用意して 0 に初期化し、スペ
ースキーが入力されるたびに spaceCount の値を 1 増やして画面に表示しよう。

ex10_03

　画面中央に小さな円を描き、ユーザがひとたびスペースキーを押すとその円

114   第 10 章　キーボード操作に反応させよう

が右方向へ移動開始する（すなわち、ユーザがスペースキーを離した後も円は
移動を続ける）プログラムを作成しよう。

（ヒント）

　円を右方向へ移動させるかどうかを判断するとき、keyPressed を使ってもう
まくいかない。このような場合には、前問 ex10_02 の変数 spaceCount を利用
する方法がある。ユーザが 1 回でもスペースキーを押したら、それ以降
spaceCount の値は 1 以上になる。このことを利用して円を移動するかどうかの
条件式を書くとよい。

ex10_04

　ex10_01 と ex10_03 のプログラムをもとにして、次のような動作をするプロ
グラムを作成しよう。まず横長の四角形を画面左側に表示し、それがキー入力
で上下移動するようにする。そしてスペースキーを押すと、その四角形の位置
から右方向へ小さな円が移動開始するようにする。これは、シューティングゲ
ームで飛行機（四角形）から弾（円）を発射する仕組みを、簡易的に実現する
プログラムである。四角形と円は、より飛行機や弾らしい図形や画像に変更し
てもよい。

ex10_05

　前問 ex10_04 を改良して、画面の右端に的を表示させよう。的の形は適当に
作成してよい。そして、弾が的に当たった場合には、「当たり！」などと表示す
る演出を加えよう。当たりの判定については、前章の章末課題の ex09_07 で説
明した dist 命令を利用するとよい。

ex10_06

　前問 ex10_05 にさらに改良を加えて、画面右端に設置した的をプレイヤー2

10.2 キーボード入力に関する関数

の飛行機に作り変え、画面左側の飛行機と同様に上下移動と弾の発射が行えるようにしてみよう。そして、弾が相手機に当たった場合の演出機能（「当たり！」の表示など）も実装してみよう。

ex10_07

前問 ex10_06 のゲーム性を高めるアイデアを考えて、プログラムに実装しよう。例えば、次のような機能を付け加えよう。

- 画面中央付近に障害物を置いて、さらにそれが上下に動いて邪魔になるようにする。
- 画面のどこかに別の的を置いて、そこに弾を当てると、以後は弾の速さが2倍になるようにする。
- 画面のどこかに別の的を置いて、そこに弾を当てると、飛行機の大きさが小さくなるようにする。

第11章　数学関数を使おう

　プログラミングには数学の知識が必要である。これまで図形を動かすプログラムをいくつか取り上げたが、より複雑な動作をさせたい場合には、**数学関数**と呼ばれる関数（命令）を使うことが要求される。そこで本章では、Processingで利用できる数学関数について説明する。

11.1　乱数関数

　乱数とは不規則に得られる数値のことで、ゲームや CG などでは必ずといってよいほど使用されている。身近な例を挙げるとサイコロを振って出る目は乱数であり、1 から 6 までの間で得られる整数値には規則性がない。一方、Processing の乱数は実数値であり、得られる値の範囲や確率を変えることができる。本節で取り上げる関数を表 11.1.1 にまとめる。

表 11.1.1　乱数に関する関数

関数	説明
random(上限値) random(下限値, 上限値)	指定された範囲内の乱数（一様乱数）を生成する。
randomGaussian()	平均値が 0、標準偏差が 1 の正規分布にしたがう乱数（正規乱数）を生成する。
randomSeed(整数)	乱数の求め方（指定した整数値で決まる）を固定する。

11.1 乱数関数

一様乱数を生成する関数 random

乱数として得られる各数値の出現確率が均等であるものを**一様乱数**という。次のプログラム例で、この関数 random の使い方を見てみよう。

	random.pde -- random 関数の使用例
1	`float x, y;`　　　　　　　// 円の座標値を入れる変数
2	
3	`void setup() {`
4	`size(400, 400);`
5	`background(255);`
6	`}`
7	
8	`void draw() {`
9	`x = random(200);`　　　// 0 以上 200 未満の乱数を生成
10	`y = random(100, 300);`　// 100 以上 300 未満の乱数を生成
11	`ellipse(x, y, 5, 5);`
12	`}`

　このプログラムでは、9〜10 行目で 2 回 random 命令を用いて乱数を求めており、得られた値を座標値として小さな円を描かせる。9 行目の「`random(200);`」は上限値を括弧内で指定しているので、0 以上 200 未満の実数値をランダムに求める。10 行目の「`random(100, 300);`」は下限値と上限値を指定して、100 以上 300 未満の実数値を求めている。

　random 関数が生成する値の出現確率はどれも等しく、このプログラムをしばらく動かしていると、座標$(0, 100)$と$(200, 300)$を頂点とする長方形内で小円が

118　　　　　　　　第 11 章　数学関数を使おう

次第に増加し、徐々に埋め尽くされていく。

正規乱数を生成する関数 randomGaussian

　一様乱数と異なって、発生される数値の出現確率が正規分布[1]という確率分布にしたがう乱数を**正規乱数**という。この乱数を発生させる関数 randomGaussian を用いる次のプログラム例を見てみよう。

randomGaussian.pde -- randomGaussian 関数を使った例

```
1   float x, y;                    // 円の座標値を入れる変数
2
3   void setup() {
4     size(400, 400);
5     background(255);
6   }
7
8   void draw() {
9     x = randomGaussian() * 50 + 200;       // x は正規乱数
10    y = random(100, 300);                   // y は一様乱数
11    ellipse(x, y, 5, 5);
12  }
```

　このプログラムは、前述の random.pde の 9 行目の random 関数を randomGaussian 関数に変更したものである。randomGaussian 関数は、random 関

---

[1] 正規分布(Gaussian distribution)は、現実に起こる色々な事象がしたがう確率分布として知られ、分布の形状は平均値を中心にした左右対称の山型となる。

11.1 乱数関数 119

数と違って値の出る確率が一様ではなく、平均値 0 を中心として、それに近い値ほど高い確率で出現するような乱数を求める。この関数では乱数値の範囲の指定はなく、原理上は-∞から+∞までの範囲の値が発生されるが、0 から離れるほど出現確率は低下する。9 行目では、randomGaussian 関数で求めた値を 50 倍して、平均値を 200 に移動させている。

実行結果を見ると、小円の横方向の散らばりは、200 を中心にして集中し、そこから離れるほどまばらになっていることが確認できる。一方、縦方向は横方向の散らばりと同傾向の分布がどの位置でも同じように見られる。9 行目の数値 50 を別の値に変更すると、小円の横方向の散らばりの幅を調整できるので、各自で実際に確認して欲しい。

乱数値の再現

random 関数や randomGaussian 関数で求められる乱数は、本当にサイコロを振って求めたような真に不規則な値ではなく、あたかも不規則に見える値を、ある規則にしたがって計算した値である。これを**擬似乱数**という。

乱数と擬似乱数の違いの 1 つとして、擬似乱数は値の出方を再現できることが挙げられる。例えば、サイコロを 4 回振って 4、2、5、1 と順に出たとすると、再度 4 回振ってこれらと同じ目が出る確率は小さいが、擬似乱数では同じ出方を何度でも再現できる。同じ出方の擬似乱数にするには randomSeed 命令を用いる。この関数の使用法を次のプログラムで見てみよう。

	randomSeed.pde -- 乱数の出方を指定する例
1	`float x, y;                    // 円の座標値を入れる変数`
2	
3	`void setup() {`

120 第 11 章　数学関数を使おう

```
 4    size(400, 400);
 5    background(255);
 6    randomSeed(0);              // 乱数の出方の指定
 7    frameRate(1);               // 1 秒間に 1 回 draw()を実行
 8  }
 9
10  void draw() {
11    x = random(200);
12    y = random(100, 300);
      ellipse(x, y, 5, 5);
    }
```

　このプログラムは random.pde に 6〜7 行目を追加したもので、6 行目の「randomSeed(0);」で乱数の出方を指定している。7 行目の「frameRate(1);」は draw ブロックを実行する速度を 1 秒間に 1 回まで落とす命令である[1]。

　プログラムを実行すると、乱数で指定した位置に次々に小円が描かれるので、数個描画した後にプログラムを停止させて、再び実行して同じことを繰り返してみよう。円の出現位置が実行の都度変わらないことを確認できるだろう。

　次に、この「randomSeed(0);」を削除して同じことを行い、実行のたびに円の出現位置が変わることも確認して欲しい。さらに、randomSeed 命令の括弧内の値を別の整数値に変えても、乱数の求め方が変わって円の出現位置が変わるので、このことも確認してみるとよい。

---

[1] Processing にはシステム変数 frameRate（6.5 節参照）と frameRate 命令とがある。ここで使用しているのは後者である。

11.2　sin関数（三角関数）

sin（サイン）関数は数学の三角関数の1つで、プログラミングでは図形を蛇行させたり円をなぞったりするときなどに利用される。試しに、次のプログラムを実行してみよう。

	sin.pde -- sin 関数を使った例
1	`float x, y;` `// 円の座標値を入れる変数`
2	
3	`void setup() {`
4	`  size(400, 400);`
5	`  x = 0;`
6	`  y = 200;`
7	`}`
8	
9	`void draw() {`
10	`  background(255);`
11	`  x++;`
12	`  y = 50 * sin(radians(x * 3)) + 200;`
13	`  noStroke();`
14	`  fill(150, 150, 255);`
15	`  ellipse(x, y, 20, 20);`
16	`}`

このプログラムは、画面上を円が左から右へ蛇行しながら動いていくもので

ある。円の座標は変数 x、y に入り、x は単調に 1 ずつ増えるだけであるが、y は 12 行目の sin 関数により、x の増加に伴って上下に振動する。

　三角関数 sin の詳細については数学の本に譲り、プログラミングに利用できる程度の基本的な内容についてのみ以下に述べる。sin(a)のグラフを図 11.2.1 に示す。図の横軸に a、縦軸に sin(a)を取っている。a = 0 のときの sin 値は 0 であり、a を増やしていくと sin 値は+1 と-1 の間で変化する。したがって、変化の幅を+50 から-50 までにしたければ sin 値を 50 倍すればよい。もし変化する範囲を+250 から+150 までにしたければ、50 倍した上で 200 を足して、50*sin(a)+200 とすればよい（プログラムの 12 行目はこのようにしている）。

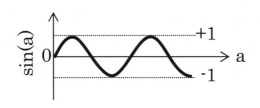

図 11.2.1　sin(a)のグラフ

　次に、sin 値の波打つ速さについて考えてみよう。sin(a)の sin 値は a の増加に沿って変化するので、a を増やす速さを変えることで sin 値の波打つ速さを変更できる。プログラムの 12 行目では x の値を 3 倍に増やすことで sin 値の波打つ速さを 3 倍速くしている。

　sin 関数の丸括弧内の値は、角度である。今、グラフ用紙とコンパスを用意して、原点を中心とした半径 1 の円を描くことを考える。まずコンパスの針を原点に刺し、鉛筆を座標(1, 0)の位置に置く。そしてコンパスを 1 周 360 度回すとき、コンパスの鉛筆の y 座標値は、+1 から-1 までの上下運動を 1 回分行うことになる。この y 座標値が sin 値である。したがって、sin 関数の丸括弧内に

角度を与えれば、そのときの sin 値が得られるのである。

　ただし、角度の指定には「ラジアン(radian)」という単位が用いられる。そこ
で、プログラム例の 12 行目では、分かりやすくするために、radians という命
令を用いて角度を度単位で与えるとラジアン単位に変換するようにしている。
したがって、sin(radians(0))は 0 度の sin 値で 0、sin(radians(90))は 90 度の
sin 値で 1 などと計算され、結局 0 度から 360 度に対して、0→1→0→-1→0 の
値の変化が得られ、角度が大きくなってコンパスが何回転しても、この上下運
動の変化を繰り返す。

　以上、sin 関数について簡単に説明したが、内容をよく理解するために、プロ
グラムの 12 行目の数値を変更して、実行結果が変わることを確認して欲しい。

11.3　log 関数（対数関数）

log（ログ）は**対数**と呼ばれる数学の関数で、$\log_a b$は a（**底**と呼ばれる）を何
乗すれば b になるかを表す。例えば$\log_{10} 1000$は 3 となる。Processing におけ
る log 関数の使用例を次に示す。

	log.pde – log()関数を使った例
1	`float x, y;`　　　　　　　　`// 円の座標値を入れる変数`
2	
3	`void setup() {`
4	`  size(400, 400);`
5	`  x = 0;`
6	`}`
7	

124 第 11 章 数学関数を使おう

```
8   void draw() {
9     background(255);
10
11    y = 50 * log(x);        // y を求める
12    x++;                    // x を 1 増やす
13
14    ellipse(x, 0, 20, 20);  // x の動きを見るための円
15    ellipse(0, y, 20, 20);  // y の動きを見るための円
16    ellipse(x, y, 20, 20);  // (x,y)の動きを見るための円
17  }
```

11 行目の log(x) で対数の計算を行うが、Processing の log 計算では、ネイピア数e = 2.71828···[1]を底とする**自然対数**と呼ばれる数が求められる[2]。ここでは、値の変化が分かりやすいように 50 倍している。

プログラムを実行すると、x軸方向、y軸方向に移動する円とともに、50*log(x)の位置に円が表示される。この円の動きから見られる特徴は次のとおりである。

・ x の値が小さい間は、log(x)の値の増加分は大きい。
・ x の値が大きくなると、log(x)の値の増加分は小さくなる。

プログラムを何度も実行してみて、この特徴を確認して欲しい。

---

[1] ネピアの定数とも呼ばれる。
[2] 自然対数以外の対数を計算する際は、底の変換の公式を利用するとよい。例えば底が a のときの $\log_a x$ は、変換公式が $\log_a b = \log_e b / \log_e a$ なので、Processing では log(x) / log(a) により計算できる。

11.4 exp 関数（指数関数）

この節では、前節で出てきたネイピア数 e に関連して、e^x を求める exp 関数を取り上げる。次のプログラム例は、log 関数の使用例のプログラム log.pde と同様に、関数値の位置に円を表示するものであり、関数部分の 11 行目のみが異なる。

	exp.pde -- exp()関数を使った例
1	`float x, y;` // 円の座標値を入れる変数
2	
3	`void setup() {`
4	`  size(400, 400);`
5	`  x = 0;`
6	`}`
7	
8	`void draw() {`
9	`  background(255);`
10	
11	`  y = exp(x / 50);`
12	`  x++;`
13	
14	`  ellipse(x, 0, 20, 20);` // x の動きを見るための円
15	`  ellipse(0, y, 20, 20);` // y の動きを見るための円
16	`  ellipse(x, y, 20, 20);` // (x, y)の動きを見るための円
17	`}`

プログラムの 11 行目の exp(x / 50) では指数関数 $e^{\frac{x}{50}}$ を計算している。exp の
関数値は値の変化が大きいので、x を 1/50 倍して見た目の変化を緩やかにして
いる。このプログラムについても、実行結果の円の動きから関数値の変化の様
子を確認して欲しい。

また、exp 関数を用いると下側にくぼんだ曲線も簡単に描くことができるの
で、そのプログラム例を次に示す。

	exp2.pde -- exp()関数でくぼんだ曲線を描く
1	float x, y;　　　　　　　　// 円の座標値を入れる変数
2	float a;　　　　　　　　　// 指数計算に用いる変数
3	
4	void setup() {
5	size(400, 400);
6	x = 0;
7	}
8	
9	void draw() {
10	background(255);
11	
12	a = (x - 200.0) / 50.0;
13	y = 300 * exp(- a * a);
14	x++;
15	
16	ellipse(x, 0, 20, 20);　　　　// x の動きを見るための円
17	ellipse(0, y, 20, 20);　　　　// y の動きを見るための円

18	`ellipse(x, y, 20, 20);` `// (x,y)の動きを見るための円`
19	`}`

　このプログラムを実行すると、exp 関数値を示す円はくぼみを描きながら右方向に移動する。くぼみの最深部の座標値は(200, 300)である。13 行目 exp 関数ではe^{-a^2}を計算しており、この値は a が 0 のときに最大値 1 を取り、a が 0 から離れるほど最小値 0 に近付く（漸近する）。そこで、ここでは exp 関数で求めた値を 300 倍して、y 座標値が 0（付近）から 300 まで変化するようにしている。

　12 行目では、x 座標の 200 をくぼみのピークにするため、x から 200 を引いている。さらに、くぼみの形を緩やかにするために 50 で割っている。

　これらの設定された数値の意味とその効果を理解するためには、1 ヵ所ずつ値を変えて実行してみて、円の動きの変化を確認してみるとよい。また、background 命令を削除して、円の移動の軌跡を表示すると分かりやすいだろう。

章末課題

ex11_01

　次のプログラムは、マウスをクリックすると円が左から右に移動するものである。円の移動には sin の 0〜90 度までの関数値の変化を利用しており、クリックすると円が座標(100, 200)から勢いよく右方向に移動するが、次第に減速しながら(300, 200)の位置で停止する。このプログラムを実行して、その動作を確かめよう。もし円の動きが速すぎたり遅すぎたりした場合は、9 行目の frameRate 命令の設定値を変えて調整すること。

128　　　　　　　　　第 11 章　数学関数を使おう

	ex11_01.pde -- sin()関数の 0〜90 度を利用したプログラム
1	`float x;` // 円の x 座標値を入れる変数
2	`float kakudo;` // sin の角度を表す変数
3	`float henka;` // kakudo の増加量
4	
5	`void setup() {`
6	`  size(400, 400);`
7	`  kakudo = 0;` // 角度の初期値
8	`  henka = 0;` // 角度の増分の初期値
9	`  frameRate(10);` // 1 秒間に 10 回 draw()を実行
10	`}`
11	
12	`void draw() {`
13	`  background(255);`
14	
15	`  if (kakudo >= 90) {`
16	`    henka = 0;` // 角度が 90 度以上になったら変化を止める
17	`  }`
18	`  kakudo += henka;` // 角度を増やす
19	`  x = 100 + 200 * sin(radians(kakudo));` // x を求める
20	
21	`  noStroke();`
22	`  fill(150, 150, 255);`
23	`  ellipse(x, 200, 20, 20);`
24	`}`

11.4 exp 関数（指数関数） 129

```
25
26   //----------------------------------
27   // マウスをクリックしたら円の移動を開始する
28   void mouseReleased() {
29     henka = 2;
30   }
```

　実行の確認ができたら、プログラムを改造して、円の移動が1回きりではなく、マウスをクリックするたびに何度でも円が座標(100, 200)から(300, 200)まで同じ動きを繰り返すようにしよう。

ex11_02

　前問 ex11_01 を改造して、円の移動位置を(0, 0)から(400, 400)までに変更しよう。

ex11_03

　sin 関数を利用して、船が上下に揺れながら左から右に移動する動きを表示するプログラムを作成しよう。

ex11_04

　exp 関数を利用して、飛行機が富士山の稜線をなぞるような軌道をたどって山を飛び越える動きを表示するプログラムを作成しよう。

（ヒント）

　exp2.pde で用いた exp 曲線を上下反転した動きにする。

第12章 3次元で表現しよう

12.1 原点の移動方法（translate 命令）

これまでの章で見てきた図形や画像は平面的な表現のものであった。本章では、横(x軸)と縦(y軸)に奥行き(z軸)を加えた3次元の表現法について述べる。まず初めに、3次元処理を行う際に必要となる translate 命令の使い方について説明する。

translate 命令とは

translate 命令は原点の位置を変更する命令である。次のプログラム例で考えてみる。

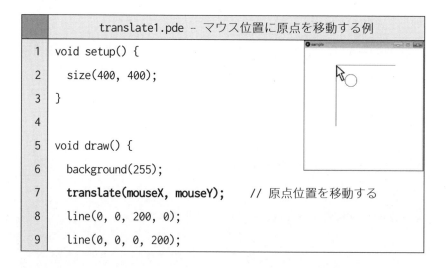

```
     translate1.pde -- マウス位置に原点を移動する例
1  void setup() {
2    size(400, 400);
3  }
4
5  void draw() {
6    background(255);
7    translate(mouseX, mouseY);    // 原点位置を移動する
8    line(0, 0, 200, 0);
9    line(0, 0, 0, 200);
```

12.1 原点の移動方法（translate 命令）

```
10   ellipse(50, 50, 40, 40);
11 }
```

　プログラムの 7 行目で translate 命令が使用されている。ここでは、
「translate(x 座標値, y 座標値);」として、マウスの現在位置を新たな原点に
設定している。

　原点移動した後の図形描画は、新たな原点位置を基準にして配置されるから、
8〜10 行目の図形はすべてマウス位置を原点とした位置へと移動する。なお、
厳密にいえば、translate 命令による原点移動の効果は、命令の実行から draw
ブロックの最下行までであり、次に draw ブロックが実行される際には、原点は
画面左上にリセットされ、draw ブロック内の translate 命令で再び原点移動さ
れている。

translate 命令の複数回実行

　translate を複数回実行すると、その都度原点位置を変更できる。次のプロ
グラムは、上記のプログラム translate1.pde に 10 行目の translate 命令を挿入
したものである。

translate2.pde – translate 命令を 2 回使った例
1	`void setup() {`
2	`  size(400, 400);`
3	`}`
4	
5	`void draw() {`
6	`  background(255);`

132　　　　　　　　第 12 章　3 次元で表現しよう

7	`translate(mouseX, mouseY);`	// 原点位置の移動
8	`line(0, 0, 200, 0);`	
9	`line(0, 0, 0, 200);`	
10	`translate(150, 0);`	// 原点位置の再移動
11	`ellipse(50, 50, 40, 40);`	
12	`}`	

　プログラムの 10 行目の translate 命令を実行するときには、すでに 7 行目
の原点移動が実行済みであるから、この原点を基準とした座標(150,0)の位置に
再移動することになる。

translate 命令のリセット

　原点移動を途中でリセットしたい場合は、pushMatrix と popMatrix 命令を使
うのが一般的である。その使用例のプログラムを次に示す。

	pushMatrix.pde -- 原点移動をリセットする例	
1	`void setup() {`	
2	`  size(400, 400);`	
3	`}`	
4		
5	`void draw() {`	
6	`  background(255);`	
7	`  pushMatrix();`	// 現時点の軸設定の保存
8	`  translate(mouseX, mouseY);`	
9	`  line(0, 0, 200, 0);`	

10	`line(0, 0, 0, 200);`
11	`popMatrix();` `// pushMatrix 命令で保存した軸設定に戻す`
12	`ellipse(50, 50, 40, 40);`
13	`}`

　プログラムの7行目の pushMatrix 命令は、その時点での軸設定（原点の位置と軸の回転角度）を一時保存する働きをする。その後、8行目に translate 命令があるので、9〜10行目の line 命令は原点移動済みの座標で処理される。11行目の popMatrix 命令は、7行目の pushMatrix 命令で保存していた軸設定に戻す働きをする。したがって、8行目の translate 命令の有効範囲は命令実行後から10行目までで、12行目以降は再び画面左上が原点のデフォルト状態に戻る。

　なお、pushMatrix 命令と popMatrix 命令は複数回使用してもよいが、両命令は数式の括弧と括弧閉じのように1組で使用するので、実行回数が等しくなっていなければならない。

12.2　図形の回転

Processing の z 軸

　Processing のデフォルトでは、z軸（奥行き方向）はディスプレイの奥側から手前側へ向いており、z座標値が大きくなるほどディスプレイの手前方向を表す。このことを確認するために、次のプログラム例を実行してみよう。

134　　　　　　　　第 12 章　3 次元で表現しよう

	zAxis.pde - z 軸の向きを確認するプログラム
1	`void setup() {`
2	`  size(400, 400, P3D);`
3	`}`
4	
5	`void draw() {`
6	`  background(255);`
7	`  translate(0, 0, frameCount);`
8	`  ellipse(mouseX, mouseY, 40, 40);`
9	`}`

　プログラムの 2 行目の size 命令には、これまでに指定してきたサイズのほかに「P3D」という指定が追加されている。この指定を付けると、Processing は 3 次元表現に対応した描画を行うようになる。そこで、7 行目の translate 命令では、x、y、z の各軸の原点の移動位置となる 3 つの値を指定している。

　この例では、z が 1、2、3、…と次第に増加するように、システム変数 frameCount を利用している。したがって、プログラムを実行すると 8 行目で描画した円が徐々にディスプレイ手前側へ迫ってくるように見える（マウスで円を画面中央付近に移動させると分かりやすい）。

z 軸の回転（rotateZ 命令）

　それでは、z 軸を中心にして図形を回転させてみよう。本書では、軸を中心にして回転させることを、簡単に「軸の回転」と表記することにする。z 軸の回転をさせるために使用する命令は rotateZ であり、「rotateZ(radians(△));」と書くと、△度だけ z 軸を回転させることができる。次のプログラム例を実行してみよう。

12.2　図形の回転

	rotateZ.pde -- z 軸を回転させるプログラム
1	`void setup() {`
2	`  size(400, 400, P3D);`
3	`}`
4	
5	`void draw() {`
6	`  background(255);`
7	`  translate(width/2, height/2);` // 原点を画面中央に移動
8	`  rotateZ(radians(frameCount));` // z 軸を frameCount 度回転
9	`  rectMode(CENTER);`
10	`  rect(-150, 0, 40, 40);`
11	`  rect(  0, 0, 40, 40);`
12	`  rect( 150, 0, 40, 40);`
13	`}`

　このプログラムは、まず 7 行目で原点を画面中央へ移動して、8 行目の rotateZ 命令で frameCount 度だけ z 軸を回転させている。したがって、10〜12 行目で描いた四角形が回転することになる。9 行目の rectMode(CENTER)は、四角形の位置指定を中心の座標にする命令である。

　z 軸を回転させるイメージは、竹トンボを飛ばすときの軸を回すことに似ている。z 軸を回すことで、画面上の x 軸と y 軸の向き（つまり x-y 平面の角度）が変わり、この例では竹トンボのプロペラにあたる四角形が右回りに回転する。

x 軸および y 軸の回転（rotateX 命令と rotateY 命令）

　x 軸、y 軸の回転には、rotateZ 命令と同じ要領で rotateX 命令、rotateY 命

令を用いる。前記のプログラム rotateZ.pde の 8 行目をこれらの命令に書き変えると、四角形はそれぞれ図 12.2.1 のように回転するので、軸と回転のイメージをつかむためには、必ず試してみた方がよい。

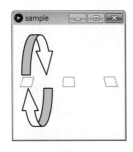
（rotateX 命令による回転）

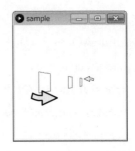
（rotateY 命令による回転）

図 12.2.1　x 軸および y 軸の回転

　rotateX、rotateY、rotateZ の各命令を組み合わせて使うと、複雑な回転表現を行うことができる。しかし、例えば rotateX→rotateY と順に実行した場合、最初の rotateX 命令で y 軸の向きが変わった状態で rotateY 命令を行うことになるので、現在各軸がどういう向きになっているかを把握した上で、次の回転をさせる必要がある。

　なお、回転の影響をリセットしたい場合は、translate 命令のときと同様に、pushMatrix 命令で事前に軸設定を保存しておき、popMatrix 命令で元に戻すようにすればよい。

12.3 基本的な3次元図形

立方体 box() と球 sphere()

Processing では、基本的な 3 次元の立体図形として立方体と球が用意されている。次のプログラムを見てみよう。

	sphere.pde -- 立方体と球を描くプログラム
1	`void setup() {`
2	`  size(400, 400, P3D);`
3	`}`
4	
5	`void draw() {`
6	`  background(255);`
7	
8	`  // 立方体を描く`
9	`  pushMatrix();`
10	`  translate(mouseX, mouseY);          // 原点移動`
11	`  box(100, 100, 100);        // 原点に立方体を描画`
12	`  popMatrix();               // 原点の位置を元に戻す`
13	
14	`  // 球を描く`
15	`  pushMatrix();`
16	`  translate(mouseX+200-frameCount, mouseY);  // 原点移動`
17	`  sphere(40);                  // 原点に球を描画`

18	popMatrix();	// 原点の位置を元に戻す
19	}	

　まず立方体は、10 行目で原点を移動した後、11 行目の box 命令で原点上に各辺の長さ 100 の立方体を表示している。球についても、16 行目で原点を移し、17 行目の sphere 命令により、原点に半径 40 の球を描く。なお、球を描画する際のメッシュの数を調整したい場合は、 sphere 命令の前に「sphereÐetail(60);」などとすれば、丸括弧内の数値に応じたメッシュを入れることができる。

その他の 3 次元図形

　第 2 章で説明した point 命令と line 命令は、それぞれ「point(x, y, z);」、「line(x1, y1, z1, x2, y2, z2);」として、x、y 座標値に加えて z 座標値を指定して 3 次元の描画をすることができる。また、任意の形の図形を描ける vertex 命令[1]についても、「vertex(x, y, z);」と書いて z 座標値を指定可能である。

光源の設定（物体へのライティング）

これらの 3 次元図形をさらに立体的に表現したい場合、光源を設定する方法がある。光に関する命令はたくさんあって、使い方も複雑なので本書では命令名とプログラム例 1 つを紹介するだけにする（表 12.3.1 および表 12.3.2 参照）。興味があれば、各自で使い方を調べてもらいたい[2]。

---

[1] vertex 命令については 2.2 節を参照。
[2] Processing の上部メニューの「ファイル」→「サンプル」でサンプル窓を開くと、「Basics」→「Lights」内にサンプルプログラムがいくつかある。

12.3 基本的な3次元図形 139

表 12.3.1 光源を作る命令

命令名	光源の種類	説明
ambientLight	環境光源	全体に均一に当てる光。
directionalLight	平行光源	1 方向（太陽光などの十分に遠い 1 点）から当てる光。
pointLight	点光源	1 点から当てる光。
spotLight	スポットライト	点光源に似ているが、指向性を調整できる。

表 12.3.2 光を当てたときの色に関する命令

命令名	説明
emissive	物体の反射色を設定する。
ambient	環境光が当たったときの物体の反射色を設定する。
specular	環境光以外の光が当たったときの物体の反射色を設定する。
shininess	物体の光沢度を設定する。
lightFalloff	光源との距離に基づく光の減衰量の設定を設定する。
lightSpecular	光源自身の反射色を設定する。

　本書では、ライティングを手軽に試せる lights 命令についてのみ例を挙げる。lights 命令は、draw ブロック内で「lights();」とするだけで、環境光源と平行光源（色は共に灰色）を当てる命令である[1]。次にそのプログラム例を示すので、実行してみて欲しい。

---

[1] 厳密には、lights は環境光源と平行光源以外に光の減衰量（lightFalloff）と光源の反射色（lightSpecular）をカスタマイズする。

	lights.pde – 立方体と球に光を当てるプログラム
1	void setup() {
2	size(400, 400, P3D);
3	}
4	
5	void draw() {
6	background(30);
7	noStroke(); // 輪郭線を描かないようにする
8	**lights();** // 光を当てる
9	
10	// 立方体を描く
11	pushMatrix();
12	translate(mouseX, mouseY);
13	box(100, 100, 100);
14	popMatrix();
15	
16	// 球を描く
17	pushMatrix();
18	translate(mouseX+200-frameCount, mouseY);
19	sphere(40);
20	popMatrix();
21	}

12.4　3次元図形を使ったゲーム例

前節までに学んだ原点移動、軸の回転、基本的な3次元図形を利用して、上方から落ちてくる立方体を受け止める簡易ゲームを作ってみよう。このゲームのルールを次にまとめる。

- プレイヤーは矢印キーを使ってマス目を自由に移動できる。
- プレイヤーは、上方から落ちてくる立方体を落下地点に移動して受け止める。
- 立方体を受け止めることができれば持ち点が増え、失敗すれば減る。
- 持ち点は最初2点とし、0点になったらゲームオーバーとする。
- 立方体は500ミリ秒に1マスの速さで落ちる。

それでは次のゲームプログラムを見てみよう。

	fallingBox.pde - 落下する立方体を受け止めるゲーム
1	`int pX = 0, pZ = 0;　//　　　　プレイヤーの座標を入れる変数`
2	`int life = 2;　　　　//　　　　　　　　　プレイヤーの持ち点`
3	`int tX, tY, tZ;　// ターゲット（落下物体）の座標を入れる変数`
4	`int X = 6, Z = 6;　　//　　　　地面のマス目の数(6×6マス)`
5	`float size = 30;　　　//　　　　　　　　　1マスの大きさ`
6	`float nextMoveTiming;　// ブロックを動かす時刻を入れる変数`
7	
8	`//-----------------------------------------------`
9	`void setup() {`
10	`  size(500, 500, P3D);`

142　　　　　　　　第 12 章　3 次元で表現しよう

```
11    textAlign(CENTER);
12
13    // ターゲットの位置をリセットする
14    tX = (int)random(X);                // ターゲットの x 座標値
15    tY = -10;                           // ターゲットの y 座標値
16    tZ = (int)random(Z);                // ターゲットの z 座標値
17
18    // ターゲットを落とす時刻(単位はミリ秒)を設定する
19    // この例では 500 ミリ秒後にターゲットが落ち始める
20    nextMoveTiming = millis() + 500;
21  }
22
23  //----------------------------------------------
24  void draw() {
25    background(255);
26    stroke(0, 50);
27
28    // 原点移動して y 軸を少し回すことで立体感を出す
29    translate(width/2, height/2, 100);
30    rotateY(radians(-30));
31    translate(-X*size/2, 100, -Z*size/2);
32
33    // 緑系の色でターゲットの立方体を描く
34    pushMatrix();
35    translate(tX * size, tY * size, tZ * size);
```

12.4 3次元図形を使ったゲーム例

36	`fill(150, 255, 150);`
37	`box(size - 10);`
38	`popMatrix();`
39	
40	`// 立方体を並べて地面(白色)とプレイヤー(オレンジ色)を描く`
41	`for (int z = 0; z < Z; z++) {`
42	`  for (int x = 0; x < X; x++) {`
43	`    pushMatrix();`
44	`    translate(x * size, 0, z * size);        // 原点を移動`
45	`    if (x == pX && z == pZ) {`
46	`      fill(255, 200, 0);    //プレイヤーを描くときの色指定`
47	`    } else {`
48	`      fill(255, 60);             // 地面を描くときの色指定`
49	`    }`
50	`    box(size - 10);                    // 立方体を描く`
51	`    popMatrix();`
52	`  }`
53	`}`
54	
55	`// 得点を表示`
56	`fill(100, 150, 255);`
57	`textSize(30);`
58	`text("[ LIFE: " + life + " ]", 0, -200);`
59	
60	`// ゲームオーバー(持ち点 0)になったときの処理`

144　　　　　第 12 章　 3 次元で表現しよう

```
61    if (life <= 0) {
62      fill(150);
63      textSize(60);
64      text("GAME OVER", 0, -150);        // GAME OVER と表示
65      return;                            // ここで処理を止める
66    }
67
68    // 500 ミリ秒おきにターゲット立方体を下に 1 マス分落とす
69    // 地面に着いたら当たり判定して life の値を更新
70    // そしてターゲット立方体の座標をリセット
71    if (millis() >= nextMoveTiming) {
72      nextMoveTiming += 500;             // 次回の落下時刻を設定
73      tY++;                              // 1 マス分落とす
74      // 地面に着いたときの処理
75      if (tY > 0) {
76        // life の値を更新する
77        if (tX == pX && tZ == pZ) {
78          life++;
79        } else {
80          life--;
81        }
82        // ターゲットの位置をリセット
83        tX = (int)random(X);
84        tY = -10;
85        tZ = (int)random(Z);
```

12.4　3次元図形を使ったゲーム例　　　　　　　　　145

```
86       }
87     }
88   }
89
90   //-----------------------------------------------
91   // 矢印キーでプレイヤーが移動する処理
92   void keyPressed() {
93     if (key == CODED) {
94       if (keyCode == UP    && pZ-1 >= 0) pZ--;  // 1マス奥へ
95       if (keyCode == DOWN  && pZ+1 <  Z) pZ++;  // 1マス手前へ
96       if (keyCode == LEFT  && pX-1 >= 0) pX--;  // 1マス左へ
97       if (keyCode == RIGHT && pX+1 <  X) pX++;  // 1マス右へ
98     }
99   }
```

　プログラムの説明をする。画面の x、y、z はそれぞれ横、高さ、奥行き方向を表すから、立方体を上から下へ落とすには変数 tY の値を増やせばいいので、73行目で tY に1マス分加算している。

　73 行目の処理は 500 ミリ秒おきに1回実行されるものだが、これにはプログラム実行開始からの経過時間をミリ秒単位で求める millis 命令を利用している（20、71行目）。例えば、millis 命令を実行したところ、経過時間として1000 が得られたとする。すると、この 500 ミリ秒後に次の処理をしたければ、変数 nextMoveTiming に 1500 を代入して、if 文「millis() >= nextMoveTiming」（71行目）でその時刻を判定すればよい。そして、さらにこの条件式が成り立ったときに nextMoveTiming に 500 を足せば、今度は同じ条件式で 2000 ミリ秒後を検出することができる。

146 第12章 3次元で表現しよう

実際にプログラムを入力し、ゲームを実行してみて、図形の描画や動きを観察し、プログラムの中身と比べて確認して欲しい。内容の理解ができたら、ゲームの難易度を調整できるように、プログラムを改良してみよう。そのアイデアとしては、立方体の落ちる速さを変える（72行目）、地面の広さを変える（4行目）、プレイヤーの最初の持ち点を変える（2行目）などが考えられる。また、落ちる速さが一定でなく、徐々に速くなるようにしてもよい。なお、このゲームの改良に関しては、章末課題でも取り上げている（ex12_05、ex12_06）。

12.5 視点の移動（カメラ制御）

ここまでのプログラムで立方体や球を3次元空間に配置してきたが、図形が画面内で見えているということは、その位置から離れた場所にカメラが置いてあって、そこから図形のある方を向いて撮影していると捉えることができる。Processing では、図形を配置して動かすだけでなく、カメラの方を動かすこともできる。次のプログラム例で考えてみよう。

	camera.pde – 視点を移動するプログラム
1	`float boxX = -500;` // 立方体の x 座標値
2	
3	`void setup() {`
4	`  size(600, 400, P3D);`
5	`}`
6	
7	`void draw() {`
8	`  background(50);`

12.5 視点の移動（カメラ制御）

```
 9    lights();
10
11    // 画面中央を原点としたときのマウス座標(mX,mY)を求める
12    float mX = mouseX - width  / 2.0;
13    float mY = mouseY - height / 2.0;
14
15    // 次のいずれか1つを有効にすると視点が変わる
16    // camera(0, 0, 100, boxX, 0, 0, 0, 1, 0);
17    // camera(boxX * 0.9, 0, 100, boxX, 0, 0, 0, 1, 0);
18    // camera(0, 0, 200, mX, mY, 0, 0, 1, 0);
19    // camera(mX, mY, 200, 0, 0, 0, 0, 1, 0);
20    // camera(boxX * 0.9 + mX, mY, 200, 0, 0, 0, 0, 1, 0);
21
22    // 緑色の直線を並べて碁盤のような地面を描く
23    stroke(0, 255, 0);
24    for (float x = -500; x <= 500; x += 100) {
25      line(x, 30, 300, x, 30, -300);
26    }
27    for (float z = -300; z <= 300; z += 100) {
28      line(-500, 30, z, 500, 30, z);
29    }
30
31    // 原点に球を描く
32    noStroke();
33    sphere(5);
```

148　　　　　　　　第 12 章　3 次元で表現しよう

```
34
35    // x 軸に沿って動く立方体を描く
36    pushMatrix();
37    translate(boxX, 0, 0);
38    box(60);
39    popMatrix();
40
41    // boxX の値を更新する
42    boxX += 5;
43    if (boxX > 500) {
44      boxX = -500;
45    }
46  }
```

　このプログラムを実行すると、原点上に静止する球と、x 軸上を左から右へ
（負から正の値へ）移動する立方体が登場する。16〜20 行目に camera 命令の
実装例を複数挙げているので、1 つずつコメント記号を外して有効にして視点
の変化を確認していただきたい。

　camera 命令の丸括弧内に与えるパラメータは次の 9 個である。

camera(cx, cy, cz, lx, ly, lz, vx, vy, vz);

カメラは座標(cx, cy, cz)に設置され、座標(lx, ly, lz)へ視線を向ける。(vx,
vy, vz)はカメラの首の横方向の傾きを設定するものであり[1]、原点(0, 0, 0)か

――――――――――

[1] 例えば人が真正面を見る場合、垂直に立って見ることもできるし首を横に傾
けて見ることもできる。視線が z 軸に平行であれば z 軸を回す度合いに、y 軸
に平行であれば y 軸を回す度合いということになる。

ら座標(vx, vy, vz)へ引いた直線と同じ角度にカメラの首を傾ける[1]。この例では(0,1,0)にしてあり、カメラの首を鉛直方向上向きにしていることを意味する。

12.6　1人称視点の表現（カメラ制御の応用）

　カメラ制御を利用すると、ゲームの FPS（First Person shooter）や FPV（First Person View）ドローンなどで使われるような、1人称視点の表現が可能になる。マウスおよび w、s、a、d のキーの操作により、プレイヤーの視線の向きの変更と、前後左右への移動ができるプログラムの例を次に示す。

	firstPersonView.pde -- 1人称視点で移動するプログラム
1	`float cx = 0, cy = 0, cz = 0;`　　// プレイヤーの位置座標
2	`float speed = 5.0;`　　　　　　　// プレイヤーの移動速度
3	
4	`void setup() {`
5	`  size(800, 400, P3D);`
6	`}`
7	
8	`void draw() {`
9	`  background(130, 200, 255);`
10	`  lights();`
11	
12	`  // マウスで視点を横方向-180～180度、縦方向-90～90度まで`

---

[1] ただしこの(vx, vy, vz)に限っては、座標空間の y 軸が上向きという仕様になっている。

```
13    // 変えられるようにする。三角関数の知識が必要。
14    float kakudoH = 360.0*((float)mouseX/width-0.5);
15    float kakudoV = 180.0*((float)mouseY/height-0.5);
16    float dx =  speed * sin(radians(kakudoH));
17    float dy =  speed * sin(radians(kakudoV));
18    float dz = -speed * cos(radians(kakudoH));
19    camera(cx, cy, cz, cx+dx, cy+dy, cz+dz, 0, 1, 0);
20
21    // w,s,a,d のどれかのキーを押すと
22    // プレイヤーの位置(cx,cy,cz)が前後左右に移動する
23    if (keyPressed == true) {
24      if (key == 'w') {                // w…前進
25        cx += dx;
26        cz += dz;
27      } else if (key == 's') {         // s…後退
28        cx -= dx;
29        cz -= dz;
30      } else if (key == 'a') {         // a…左へ移動
31        cx +=  10*sin(radians(kakudoH-90));
32        cz += -10*cos(radians(kakudoH-90));
33      } else if (key == 'd') {         // d…右へ移動
34        cx -=  10*sin(radians(kakudoH-90));
35        cz -= -10*cos(radians(kakudoH-90));
36      }
37    }
```

12.6 1人称視点の表現（カメラ制御の応用）

```
38
39    // 碁盤のように直線を描き並べることで地面を表現する
40    stroke(100);
41    for (float x = -500; x <= 500; x += 100) {
42      line(x, 30, 300, x, 30, -300); // 手前から奥へ伸びる直線
43    }
44    for (float z = -300; z <= 300; z += 100) {
45      line(-500, 30, z, 500, 30, z);  // 左から右へ伸びる直線
46    }
47
48    // 色々な場所に立方体を置く
49    randomSeed(0);                      // 乱数の出方を固定
50    for (float i = 0; i < 50; i++) {
51      // 立方体の場所を決める
52      float bx = random(-500, 500);      // 立方体の x 座標値
53      float by = random(-300, 0);        // 立方体の y 座標値
54      float bz = random(-300, 300);      // 立方体の z 座標値
55      // 立方体を描く
56      pushMatrix();
57      translate(bx, by, bz);           // (bx,by,bz)に原点を移動
58      noStroke();
59      box(15);                              // 立方体を描く
60      popMatrix();
61      stroke(100);
62      line(bx, by, bz, bx, 30, bz); // 立方体と地面を線で結ぶ
```

63	}
64	}

　このプログラムには、初心者にはやや難しい内容が含まれているので、入力する際に間違えないよう注意して欲しい。読者に三角関数（11.2節参照）の知識があれば、12～19行目の視点移動の原理の理解にチャレンジするとよいだろう。その際は、必要に応じてprintln命令をプログラムの途中に挿入し、変数の値を出力させてみると理解の助けになると思われる。

　本プログラムをもとにした、次のような改良は容易にできるので、1つずつ試してみて欲しい。

- ・　2行目の変数speedの値を変更すると、移動速度が変わる。
- ・　14行目360.0を720.0などにすると、わずかなマウス移動で横方向の回転を素早く行えるようになる。
- ・　50行目のfor文の条件式中の50を増やすと、立方体の数が増やせる。
- ・　59行目box命令の数値を変更して、立方体の大きさを変える。あるいは、「box(random(50));」などとしてもよい。

ゲーム要素の追加

　先のプログラムfirstPersonView.pdeでは、プレイヤーの現在の位置は、変数cx、cy、czで与えられた座標値にあった。これらの変数を利用して、プレイヤーが空間内を移動してゴール座標(gx，gy，gz)にたどり着いたら、何らかの演出をするようにプログラムを改良して、ゲーム的な要素を高めてみよう。上述のプログラム例の、63行目と64行目の間に次のプログラム（部分）を挿入する。

12.6　1人称視点の表現（カメラ制御の応用）　　　153

```
1    // 球(ゴール)の場所を決める
2    randomSeed(1);                          // 乱数の出方を固定
3    float gx = random(-500, 500);           // ゴールの x 座標値
4    float gy = 0;                           // ゴールの y 座標値
5    float gz = random(-300, 300);           // ゴールの z 座標値
6
7    // ゴール位置に球を置く
8    pushMatrix();
9    translate(gx, gy, gz);
10   noStroke();
11   sphere(15);
12   popMatrix();
13
14   // ゴールと自分との距離 d を求める
15   float d = dist(gx, gy, gz, cx, cy, cz);
16   if (d < 30) {
17     // ゴール領域に入ったら GOAL の文字を回転させる
18     pushMatrix();
19     translate(gx, gy, gz);
20     rotateY(radians(frameCount*4));
21     translate(0, 0, -100);
22     textSize(40);
23     text("GOAL", 0, 0);
24     popMatrix();
25   }
```

このプログラムでは、2〜5 行目でゴール位置を決めて、8〜12 行目でその位置に球を描いている。そして、15 行目で dist 命令を用いて、座標値(gx, gy, gz)と(cx, cy, cz)との間の距離を求め、距離がある一定値（ここでは 30）未満になったら「GOAL」という文字がプレイヤーの周りを回転するようにしている。

プログラム firstPersonView.pde を改良するアイデアは、ほかにも色々とあるだろうが、章末課題にもいくつかの改良例を挙げているので、是非独自の発想でさらに改良を加えて欲しい。

章末課題

ex12_01

「box(x の長さ, y の長さ, z の長さ);」を使って、右図のような 5 段ピラミッドを描いてみよう。ただし、大きさや構図は自由に決めてよい。

ex12_02

sphere 命令を使って雪だるまを描こう。上下 2 段の球のみで表現してもよいが、できるなら顔も描くこと。

ex12_03

図形の回転を利用して、時針、分針、秒針を持つアナログ時計のプログラムを作成しよう。ただし、三角関数の知識を持たない読者は無理に解かなくてよい。

12.6　1人称視点の表現（カメラ制御の応用）　　　155

（ヒント）

Processing では、現在時刻を取得するために hour 命令、minute 命令、second 命令があり、次のようにして用いることができる。

```
1  float h, m, s;
2  h = hour();          // 時
3  m = minute();        // 分
4  s = second();        // 秒
5  println(h, m, s);
```

そして、秒針なら s の値が 60 秒で 360 度回転させるとよい。

ex12_04

millis 命令を用いると、プログラムの実行開始からの経過時間をミリ秒単位で取得することができる（12.4 節参照）。この命令を利用して、前問 ex12_03 と同様にして、秒針とミリ秒針（1 秒間で 1 回転する針）を持つストップウォッチのプログラムを作成しよう。ただし、三角関数の知識を持たない読者は無理に解かなくてよい。

（ヒント）

プログラムの実行開始から自動的に時間を計測する所までをまず作成して実行確認し、次に、計測の停止や、再開などを行う機能を付加していくとよい。

s キーを押した時点から計測したい場合は、s キーを押したときに millis 命令の値を変数 startTime に入れておけば、その後の経過時間は millis() - startTime で求めることができる。

156　　　　　　　　第 12 章　3 次元で表現しよう

ex12_05

　12.4 節のプログラム fallingBox.pde（落ちてくる立方体を受け止めるプログラム）に、ゲーム性を高めるような改良を加えてみよう。そのアイデアの例を次に示す。

- 立方体の落ちる速度が徐々に速くなるようにする。
- 立方体が上方にあるときは透明で、下がるほど不透明になるようにする。
- ときどき（例えば 20 秒に 1 回など）地面のどこかのマスを青色にして、そこにプレイヤーが行くと立方体の落下速度が遅くなる。
- 通れないマス、あるいは通ると得点が減らされるマスを設ける。

ex12_06

　12.6 節のプログラム firstPersonView.pde（1 人称視点で移動するプログラム）に、ゲーム性を高めるような改良を加えよう。そのアイデアの例を次に示す。

- 壁や立方体などの目隠しになるようなものを配置して、ゴールがどこにあるかすぐには分からないようにする。
- millis 命令を使って、ゴールに到着するまでの所要時間を表示する。
- ゴールに触れたら背景の色が変わるようにする。
- ゴールが移動するようにする。
- 触れてはいけない物体を作る（その物体が移動すれば、さらによい）。

第13章　配列を使おう

13.1　配列の基礎（1次元配列）

　プログラミングにおいては、同じような用途や働きで用いられるデータが複数個必要な場合がよくある。このようなときには、変数をいくつも書き並べるよりも、**配列**と呼ばれる変数を使ってまとめて表した方がよい。通常、1つの変数は1つのデータしか持てないが、配列はあらかじめ指定した個数のデータを持つことができる。

　配列は、変数を複数個連結したようなものと考えるとよい。例えば、変数5個分のデータを入れることができる配列 b の構造を図 13.1.1 に示す。

図 13.1.1　配列の構造の例

　配列 b の中身は 5 区画に仕切られており、1 区画には 1 個のデータが入る。各区画は、「配列名[番号]」と指定し、例えば「b[0] = 3;」と書けば図の 1 番左の区画に 3 が代入される。この番号のことを**添え字**といい、Processing では 0 から始まることになっている。したがって、右端の区画の添え字は[区画数-1]となる。なお、各区画に入れられたデータのことを**要素**という。

　変数を使う際には事前に変数宣言が必要であったように、配列もあらかじめ宣言する必要がある。例として、図 13.1.1 の配列 b の宣言を次に示す。これは配列 b の要素が実数値のときの例である

1	`float[] b;`
2	`b = new float[5];`

　変数の型名の後に「[]」を付けると配列とみなされる。そして、new 命令に
よって指定された区画数の配列を生成する。この宣言は「float[] b = new
float[5];」のように1行にまとめて書いてもよい。また、「float[] b = { 3,
80, -2, 0, 6.8 };」のように書けば、初めから波括弧内の要素を入れた配列 b
が作られる。ただし、配列に入れる要素はすべて同一の型でなければならない。

1 次元配列のプログラム 1

　図 13.1.1 のように、1 方向に複数のデータを並べた配列のことを **1 次元配列**
または単に**配列**と呼ぶ。それでは、配列を使ったプログラムの例を見てみよう。
次のプログラムは、実数値を 10 個入れることのできる配列 x を用意し、それ
に 10 個の円の x 座標値を入れて管理するものである。

	array1.pde -- 配列を使ったプログラム例 1
1	`float[] x;` // 各円の x 座標を入れる配列
2	`int N = 10;` // 円の個数
3	
4	`void setup() {`
5	`size(400, 200);`
6	`x = new float[N];` // 実数値を N 個入れる配列 x を作る
7	`for (int i = 0; i < N; i++) {`
8	`x[i] = 0;` // 各要素を 0 に初期化する
9	`}`

13.1 配列の基礎（1次元配列）　　159

10	`}`
11	
12	`void draw() {`
13	`  background(255);`
14	`  fill(255, 50);`
15	`  for (int i = 0; i < N; i++) {`
16	`    ellipse(x[i], 100, 20, 20);`　　　　　　// 各円を描く
17	`    x[i] += random(-3, 5);`　// 各円のx座標値をランダムに増やす
18	`  }`
19	`}`

　1、6行目で配列 x を作った後、7～9行目で x の各要素に 0 を代入して初期化する。draw ブロック内では、15～18行目で x の各値を x 座標値とする円を 10 個描き、さらに、-3 から 5 の範囲の数値を x に加えることで円が徐々に右方向へと移動する。

　このプログラムを、配列ではなく通常の変数を用いて作るとすると、10個の実数変数を用意して、その 10 個の変数それぞれについて代入文や ellipse 命令を書かなければならなくなる。一方、配列を使えば、for 文を利用することで要素全体に対して一括して記述をすることができる。試しに、2行目の N の値 10 を 100 や 1000 に変えてみるとよい。配列の便利さが理解できるであろう。

1次元配列のプログラム2

　次の例として、先のプログラム array1.pde に、各円の y 座標を入れる配列 y と、直径を入れる配列 d を追加してみる。

第 13 章　配列を使おう

	array2.pde -- 配列を使ったプログラム 2
1	`float[] x, y, d;`　　// 円の x 座標、y 座標、直径を入れる変数
2	`int N = 10;`　　　　// 円の個数
3	
4	`void setup() {`
5	`  size(400, 200);`
6	`  x = new float[N];`
7	`  y = new float[N];`
8	`  d = new float[N];`
9	`  for (int i = 0; i < N; i++) {`
10	`    x[i] = 0;`
11	`    y[i] = (float)i * height / N;`　　// y 座標値を均等に設定
12	`    d[i] = 20;`　　　　　　　　// 直径の初期値
13	`  }`
14	`}`
15	
16	`void draw() {`
17	`  background(255);`
18	`  fill(255, 50);`
19	`  for (int i = 0; i < N; i++) {`
20	`    ellipse(x[i], y[i], d[i], d[i]);`
21	`    x[i] += random(-3, 5);`
22	`    d[i] += random(-2, 2);`　// 各円の直径をランダムに変える
23	`  }`
24	`}`

13.1 配列の基礎（1次元配列） 161

　プログラム中の11行目では、10個の円が画面の縦幅いっぱいに均等に配置
されるように各要素を設定し、12行目は配列dの各要素に円の直径の初期値を
代入している。drawブロックでは、for文の中で配列xとdの各要素を、乱数
を利用して変化させている。

配列とfor文

　ここまでのプログラム例で分かるように、配列はfor文と相性がよい。そこ
でProcessingのfor文では、配列利用に特化した書き方もできるようになって
いる。表13.1.1に示した2つのfor文は、どちらも同じ結果を与える。

表13.1.1　配列に関するfor文の書き方

（a）通常の書き方の例	（b）配列に特化した書き方の例

`for (int i = 0; i < N; i++) {`
`  ellipse(x[i], 100, 20, 20);`
`}`
	`for (float a : x) {`
	`  ellipse(a, 100, 20, 20);`
	`}`

　表の(a)のこれまでの書き方に対して、(b)では繰り返しごとに配列xから順
に値を取り出して変数aに代入し、このaを用いてellipse命令の処理を行う。
(b)の方が文字数を少なく記述できるので、すっきりと見える。ただし、配列の
内容を書き変えたい場合には、この書き方は使用できない。for文のブロック内
でaの値を変更したとしても、変わるのはaの値であって、配列xの中身は変
わらない。

配列を利用した連番画像の読み込み

　配列は数値だけでなく、パラパラ漫画などの連続した画像（連番画像）を読
み込む場合にも便利である。次のプログラム例を見てみよう。

162   第13章 配列を使おう

	array3.pde -- 配列で連番画像を読み込む例
1	`int N = 4;` // 画像の枚数
2	`PImage[] gazou;` // 画像の配列
3	`int seq = 0;` // 画像の通し番号
4	
5	`void setup() {`
6	`  size(400, 400);`
7	`  // 画像の配列を作って読み込む`
8	`  gazou = new PImage[N];`
9	`  for (int i = 0; i < N; i++) {`
10	`    gazou[i] = loadImage("data/" + i + ".png");`
11	`    if (gazou[i] == null) exit();`
12	`  }`
13	`  frameRate(2);` // draw の実行速度を 2[回/秒]にする
14	`}`
15	
16	`void draw() {`
17	`  background(255);`
18	`  image(gazou[seq], 0, 0);` // seq 番目の画像を表示
19	`  seq = (seq + 1) % N;` // seq の値を循環させる
20	`}`

　このプログラムでは、2、8行目で画像を取り扱う配列 gazou を生成する。実行する際には、例えば表 13.1.2 のような4枚の画像をあらかじめ用意し、ファイル名を 0.png、1.png、2.png、3.png の連番にして data フォルダ内に置いてお

く[1]。すると、9〜12 行目の for 文のブロックで 4 枚の画像を順番に読み込み、配列 gazou に格納する[2]。表示を行う 18〜19 行目は、draw ブロックの繰り返しを利用して、画像が次々に入れ替わるようにしている。表の画像の場合は、人が両手を上げ下げする一連の動きが繰り返し表示される（19 行目の式で、4 枚目の次は最初に戻るようにしている）。

表 13.1.2　連番画像ファイル名と画像例

ファイル名	0.png	1.png	2.png	3.png
画像例				

13.2　多次元配列

　前節では 1 次元配列を扱ったが、配列は 2 次元、3 次元、…と必要に応じて次元数を増やすことができる。**2 次元配列**、**3 次元配列**の概念図を図 13.2.1 に示す。

　この図の配列例では、2 次元配列は 5×3、3 次元配列は 5×3×4 個のデータを入れる区画を持っている。各区画の場所を指定して個々のデータを取り出すには、1 次元の場合と同様に添え字を用い、配列の次元数の分だけ角括弧を書いて番号を入れるとよい（同図参照）。

　また、この図ではイメージしやすいよう箱を積み重ねた形で表現しているが、コンピュータ内部では実際に箱を積み重ねるわけではないので、4 次元配列な

---

[1] 画像ファイルのフォルダへの置き方については 4.2 節を参照。
[2] 10 行目の丸括弧内の加算は文字列の連結を意味し、画像ファイルの指定を行っている。

どの多次元の配列を作ることも可能である。

さらに、同図では添え字を横(x)、縦(y)、奥行き(z)の順につけているが、必ずしもこの順序で考える必要はない。ただし、プログラムを考える際には、一貫性を持って管理しなければならない。

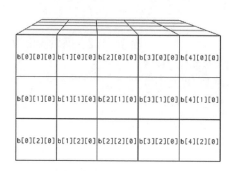

(2次元配列) 　　　　　　　　　　(3次元配列)

図 13.2.1　多次元配列の概念図

2次元配列のプログラム

それでは2次元配列を使ったプログラム例を見てみよう。

	array4.pde -- 2次元配列のプログラム例
1	`float[][] b;`　　　　　// 各円の直径を入れる2次元配列
2	`int X = 10, Y = 20;`　　　　// 円のx方向、y方向の個数
3	
4	`void setup() {`
5	`  size(400, 200);`
6	`  b = new float[X][Y];`　　// 区画数X×Yの2次元配列作成

13.2 多次元配列

```
7    for (int y = 0; y < Y; y++) {
8      for (int x = 0; x < X; x++) {
9        b[x][y] = 10;              // 各円の直径を 10 で初期化
10     }
11   }
12 }
13
14 void draw() {
15   background(255);
16   stroke(0, 100);
17   noFill();
18
19   for (int y = 0; y < Y; y++) {
20     for (int x = 0; x < X; x++) {
21       ellipse((float)x * width  / X,
22               (float)y * height / Y,
23               b[x][y], b[x][y]);        // 円の描画
24       b[x][y] += random(-2, 2);    // 各円の直径を変える
25     }
26   }
27 }
```

　このプログラムを実行すると、1 次元配列のときのプログラム例 array1.pde
や array2.pde と似た動作をするが、ここでは縦横に等間隔に円を配置し、その
直径の値が乱数で増減する。各円の直径を入れるために、2 次元配列 b が使用
されている。次元数が増えると、添え字の管理も複雑になり、for 文は外側が y

166 第13章 配列を使おう

（縦）方向、内側が x（横）方向の2重になっている（**2重ループ**という）。

3次元配列のプログラム

　3次元配列は2次元よりもさらに複雑になるので、配列の構造を図に表すなどして、添え字の管理を慎重に行う必要がある。3次元配列のプログラム例を次に示す。

	array5.pde -- 3次元配列の例
1	`float[][][] b;`　　　　　　// 塗りつぶしの濃淡を入れる3次元配列
2	`int X = 10, Y = 10, Z = 10;`　　　　　　　　// 円の個数
3	
4	`void setup() {`
5	`  size(600, 400, P3D);`　　　　　　　// P3Dで3次元表示
6	`  b = new float[X][Y][Z];`　　　　　　// 3次元配列の作成
7	`  for (int z = 0; z < Z; z++) {`
8	`    for (int y = 0; y < Y; y++) {`
9	`      for (int x = 0; x < X; x++) {`
10	`        b[x][y][z] = random(255);`　// 濃淡をランダムに決定
11	`      }`
12	`    }`
13	`  }`
14	`}`
15	
16	`void draw() {`
17	`  background(255);`

13.2　多次元配列   167

```
18    noStroke();
19
20    for (int z = 0; z < Z; z++) {
21      translate(0, 0, -10);                    // 原点の移動
22      for (int y = 0; y < Y; y++) {
23        for (int x = 0; x < X; x++) {
24          fill(b[x][y][z]);                    // 濃淡の指定
25          ellipse((x+0.5) * width  / X,
26                  (y+0.5) * height / Y, 20, 20);  // 円の描画
27        }
28      }
29    }
30  }
```

　このプログラムは 3 次元表示を行うものであるから、5 行目の size 命令で
P3D を指定している。実行すると、10×10×10 個の円を表示するが、塗りつぶ
しの濃淡は 10 行目で乱数により設定される。この行はすべての円に対して行
うので、3 重の for 文が使用されている（**3重ループ**）。なお、3 次元的な表示を
見た目で分かりやすくするために、21 行目で原点を z 軸（奥行き）方向に-10
だけずらしている。

168 　第 13 章　配列を使おう

章末課題

ex13_01

　数枚の連番画像を配列に読み込んだ後、それらを順番に表示させて、まばた
きをする様子を表現するプログラムを作成しよう。画像はペイントソフトで描
いてもよいし、写真を使用してもよい（その作成にはあまり時間をかけずに、
簡単な画像でよい）。

ex13_02

　N 枚の連番画像を配列に読み込んでおく。そして、実行画面の縦幅を N 等分
に領域分割して各領域に番号を付け、mouseY の値がどの領域にあるかに応じて、
対応する番号の画像を表示するプログラムを作成しよう。

　例えば、鳥の羽ばたきや人の腕振りの上下運動の連番画像を用意して、マウ
スの上下移動に合わせて鳥の羽や人の腕を上下させる。

ex13_03

　画面内にランダムに置かれた N 個の円が、マウスの現在位置に向かってじわ
じわと近付いてくるプログラムを作成しよう。

（ヒント）

　要素数が N の 1 次元配列 x と y を用意して、ランダムな値で初期化する。そ
して x[i]の各値と mouseX を比較し、x[i]が小さければ値を増やし、そうでな
ければ減らす。y[i]と mouseY についても同様にする。x[i]や y[i]に加減する
値は、一定値としてもよいが、random(-1, 2)などの乱数にしてもよい

第14章　関数を作ろう

14.1　関数の基礎

Processing では、基本命令や数式からなる一連の処理を 1 つのブロックにまとめて新しい命令を作ることができる。これを**関数**と呼ぶ[1]。関数にすることで、同じ処理を何度も書く必要がなくなり、プログラム内の任意の場所からその関数を呼び出して使用することができる。また、機能ごとに関数にしておけば、別の機会に利用したり、プログラムを見やすく整理することにも役立つ。

それでは、関数を用いる例として、次のロボットの顔を描くプログラムを見てみよう。

	func_drawRobot.pde -- ロボットの顔を描く関数の例
1	`void setup() {`
2	`  size(400, 200);`
3	`}`
4	
5	`void draw() {`
6	`  background(255);`
7	`  drawRobot();`　　　　　　　　　`// 関数 drawRobot を実行`
8	`}`
9	

---

[1] 関数については、これまでにも 9.2 節や第 11 章などで出てきた。

170　　　　　　　　　　　第 14 章　関数を作ろう

```
10   //----------------------------
11   // ロボットの顔を描く関数 1
12   //
13   void drawRobot() {
14     fill(255, 255, 200);
15     rect(10, 0, 100, 80);    // 顔
16     rect(0, 20, 10, 40);     // 右耳
17     rect(110, 20, 10, 40);   // 左耳
18     line(35, 20, 35, 40);    // 右目
19     line(85, 20, 85, 40);    // 左目
20     line(35, 60, 85, 60);    // 口
21   }
```

　プログラムの 13〜21 行目で、ロボットの顔を描く処理をまとめ、drawRobot
という名前の関数にしている。したがって、draw ブロックの 7 行目で
drawRobot()を呼び出せばロボットが描かれる。

　13〜21 行目の関数の形式から分かるように、これまでにも使用してきた
setup（1〜3 行目）や draw（5〜8 行目）も、それぞれ関数である。このような
関数の書き方のことを、**関数定義**（関数の内容を定義すること）という。関数
定義には書き方が 2 通りあるので、それらを表 14.1.1 に示す（表中の引数につ
いては次節で説明する）。上例のプログラムは、表の「返り値がない場合」の例
である。

表 14.1.1　関数定義の書き方

	返り値がない場合	返り値がある場合

定義	void 関数名(引数) {
	　　処理 1;
	　　処理 2;
	　　　:
	　　　:
	}
		返り値の型 関数名(引数) {
		　　処理 1;
		　　処理 2;
		　　　:
		　　　:
		　　return 値;
		}

使用例	void func1() {
	　　stroke(0);
	　　fill(255);
	}
	
	void func2(float c) {
	　　stroke(c);
	　　fill(255 - c);
	}
		float func3() {
		　　float answer = 3 * 5;
		　　return answer;
		}
		
		float func4(float x) {
		　　float answer = 3 * x;
		　　return answer;
		}

14.2　引数のある関数

前節で作成した関数 drawRobot は、顔を描く位置が決まっているので、関数を複数回使用しても同じ位置に上書きしてしまい、複数個描くことができない。そこで、例えば(150,0)の位置に描きたければ、drawRobot2(150, 0);のようにして、描く位置を指定できるようにした例を次に示す。

172　第 14 章　関数を作ろう

	func_drawRobot2.pde -- 引数のある関数の例
1	`void setup() {`
2	`  size(400, 200);`
3	`}`
4	
5	`void draw() {`
6	`  background(255);`
7	`  drawRobot2(0, 0);`　　　　　　// drawRobot2 命令の実行 1
8	`  drawRobot2(150, 0);`　　　　　// drawRobot2 命令の実行 2
9	`}`
10	
11	`//-------------------------`
12	`// ロボットの顔を描く関数 2`
13	`//`
14	`void drawRobot2(float x, float y) {`
15	`  pushMatrix();`
16	`  translate(x, y);`　　　　　　// 原点を(x,y)に移動
17	`  fill(255, 255, 200);`
18	`  rect(10, 0, 100, 80);`　　　// 顔
19	`  rect(0, 20, 10, 40);`　　　// 右耳
20	`  rect(110, 20, 10, 40);`　　// 左耳
21	`  line(35, 20, 35, 40);`　　// 右目
22	`  line(85, 20, 85, 40);`　　// 左目
23	`  line(35, 60, 85, 60);`　　// 口
24	`  popMatrix();`

25	`}`

　プログラムの 7、8 行目の関数呼び出しでは、ロボットの x、y 座標値を丸括弧内で指定している。それに対応して、関数定義の方でも 14 行目の丸括弧内には変数が 2 つ宣言されている。したがって、関数 drawRobot2 が呼び出されたら、float 型の局所変数 x、y が作られ、それぞれに呼び出しの際に指定した値が代入される。15〜24 行目では、pushMatrix 命令、translate 命令、popMatrix 命令を用いて、呼び出されるごとに、指定された座標(x,y)を原点としてロボットの顔を描いている。このように、関数には、呼び出し側から指定された値を入れるための変数（パラメータ）を持つ形式のものがあり、その変数のことを**引数**と呼ぶ。

　それでは、引数の取り扱いについての注意点について、例を挙げて説明する。次のプログラムの 4、6 行目で出力される x の値はそれぞれいくらになるか考えてみよう。

	func_argument.pde -- 関数の引数についての注意
1	`float x = 1.0;`
2	
3	`void setup() {`
4	`  println(x);`　　　　　`// x の値の出力`
5	`  add3(x);`　　　　　　`// 関数 add3(x)の実行`
6	`  println(x);`　　　　　`// x の値の出力`
7	`}`
8	
9	`void draw() {}`

174　　　　　　　　　　第 14 章　関数を作ろう

```
10
11    void add3(float x) {        // 関数 add3
12      x += 3.0;
13    }
```

　4 行目と 6 行目で出力される値は、いずれも 1.0 であり、6 行目の出力は 4.0
とはならない。11〜13 行目の関数 add3 内にある x は、この関数内で新たに作
られた局所変数であり、1 行目で作られた大域変数 x とは別物であるため、大
域変数 x の値は変化しないのである。

　このことを詳しくいえば、5 行目では大域変数 x そのものが関数 add3 に渡さ
れたのではなく、呼び出し時の x の値である 1.0 という値だけが関数 add3 に渡
されたということである。すなわち、5 行目は「add3(1.0);」と書いたことに
等しい。このような、呼び出し側から関数へのパラメータの渡し方のことを、
値渡し (call by value) という。

14.3　　返り値のある関数

　大抵の人が関数と聞いて思い出すのは、数学の関数であろう[1]。例えば、f(x) =
2xという関数にx = 5を与えると関数値として 10 が得られる。前節までの
Processing の関数は、一連の処理をひとまとめにする役割のものだったが、数
学関数のように、何らかの計算（数値的な計算とは限らない）をして、その答
えを返す関数も作ることができる。次のプログラム例でそのことを見てみよう。

――――――――――――――――――
[1] 第 11 章でも sin や log などの数学関数を取り上げた。

14.3 返り値のある関数

	func_twice.pde -- 返り値のある関数の例
1	`void setup() {`
2	`  float y = twice(5);    // 5の2倍を求めてyに代入`
3	`  println(y);`
4	`}`
5	
6	`void draw() {}`
7	
8	`float twice(float x) {    // xの2倍を求める関数`
9	`  return 2 * x;`
10	`}`

　プログラムの2行目で、値5を引数として関数呼び出しを行うと、関数 twice では8行目で局所変数 x にそれが代入され、9行目で2倍されると10になる。その10が関数呼び出しの結果として戻され、2行目の左辺 y に代入される。

　この10のように、関数から戻ってくる値のことを**返り値**と呼ぶ。返り値は9行目のように、return 命令によって返される。その値の型は、8行目の関数定義の冒頭に書いて示し、この例では float 型である。返り値の型を void にしない限り、関数定義は必ず return で終わる必要がある（void は返り値がないことを示す）。なお、1つの関数定義の中で複数の return 命令を使ってもよい。次にその例を示す。

	func_myAbs.pde -- 複数の return 命令を使う例
1	`// xの絶対値を求める関数(Processing では abs(x)を利用可)`
2	`float myAbs(float x) {`

176 第 14 章 関数を作ろう

```
3   if (x >= 0) {
4     return x;
5   }
6   return -x;
7 }
```

この例の関数定義には return 命令が 2 ヵ所で使用されており、3 行目の if 文の判定次第で、どちらか片方が実行される。

return 命令で返すことのできる値は数値だけとは限らない。次に示すのは、2 つの文字列のうちで、長さの長い方の文字列を返す関数の例である。

	func_longer.pde -- 文字列を返す関数の例

```
1  void setup() {
2    String str = longer("April", "May");
3    println(str);
4  }
5
6  void draw() {}
7
8  String longer(String str1, String str2) {
9    if (str1.length() > str2.length()) { //文字列の長さを比較
10     return str1;
11   }
12   return str2;
13 }
```

14.3 返り値のある関数　　　177

　さらに、return命令の別の用途として、プログラムの処理を途中で中止したいときにも利用することができる。return命令が実行されると、それが書かれた位置より下にある命令は実行されず、関数が呼ばれた場所に値を返しに戻るためである。次に示す例は、マウスを押していないときは6～7行目の実行をさせないプログラムである。

```
                func_return.pde -- return命令で処理を途中で止める例
1   void setup() {}
2
3   void draw() {
4     background(255);
5     if (mousePressed != true) return;
6     fill(255, 255, 0);
7     ellipse(50, 50, 100, 100);
8   }
```

章末課題

ex14_01

　2つの実数値a、bのうちで、大きい方の値を返す関数 myMax(float a, float b)を作成しよう。ただしProcessingにはこの目的の関数maxがあるので、それと同じ動作をする関数を自作することになる。

ex14_02

　3つの実数値a、b、cのうちの最大値を返す関数 myMax(float a, float b,

178 第 14 章 関数を作ろう

float c)を作成しよう。前問 ex14_01 のただし書きにある関数 max は、3 つの
値に対して使用することもできる。

ex14_03

14.2 節のロボットを描く関数 drawRobot2(x, y)を改良して、rect(左上 x 座
標，同 y 座標，横幅，縦幅)のように後ろに 2 つの引数を追加して、ロボットの
顔の横幅と縦幅を指定できるようにしよう。

ex14_04

次に示すのは、輪郭線をぼかした円を描く関数 blurEllipse の作成例である。
ここでは、元の円の直径を少しだけ大きくした半透明の円を何重にも重ねて描
画することで輪郭線をぼかしている。このプログラムを入力し実行してみて、
原理を理解した上で、同様の手法により輪郭線をぼかした四角形を描く関数
blurRect を作成しよう。

	ex14_04.pde -- 輪郭線をぼかした円を描く関数のプログラム
1	`void setup() {`
2	`  size(400, 400);`
3	`  frameRate(1);`
4	`}`
5	
6	`void draw() {`
7	`  background(255);`
8	`  noFill();`
9	`  for (int i = 0; i < 10; i++) {`

14.3 返り値のある関数

```
10      stroke(random(100), 50+random(100), 100+random(150));
11      blurEllipse(random(width), random(height), 150,150, 20);
12    }
13  }
14
15  //-------------------------------------------------------
16  // 輪郭線をぼかした円を描く関数の例
17  // 最初の4つの引数はellipse()と同じ
18  // 5個目の引数はぼかしの長さ(値が大きいほどぼかしが強い)
19  //
20  void blurEllipse(float x, float y,      // 円の中心座標
21                   float xd, float yd,    // 円の直径
22                   float len) {           // ぼかしの長さ
23    // 元の円を描く
24    ellipse(x, y, xd, yd);
25
26    // 元の円から直径を1ずつ増やして半透明の円を描く
27    pushStyle();
28    for (int i = 0; i < len; i++) {
29      strokeWeight(3);
30      noFill();
31
32      // 現在の輪郭線の色は保ち、不透明度を徐々に下げる
33      float alpha = 30 - i / len * 30;      // 不透明度の計算
34      color c = g.strokeColor;  // 現在の輪郭線の色設定を取得
```

180   第 14 章　関数を作ろう

```
35      stroke(red(c), green(c), blue(c), alpha);    // 色を指定

36

37      ellipse(x, y, xd+i-1, yd+i-1);

38    }

39   popStyle();

40 }
```

　この関数内の 27、39 行目にある pushStyle、popStyle 命令は、それらの間
の行で実行した strokeWeight、noFill、stroke 命令の内容をリセットするもの
である[1]。ここでリセットしておかないと、例えば 12 行目や 13 行目などに別
の図形を描く命令を入れた場合には、その図形は関数 blurEllipse の実行終了
時の色設定で描かれてしまうことになる。

　34〜35 行目では、color 型の変数 c や、c から赤色の値を取り出す red 命令
などを使っている。詳細は各自で調べてみよう。

---

[1] これら以外に、輪郭線関係の設定、rectMode 命令などの設定、文字の設
定、図形の反射色などもリセットされる。

第15章　オブジェクト指向に触れてみよう

　これまでの章で説明してきた配列、関数などは機能ごとに整理されたプログラムを書くためのものといってもよい。例えば、学生5名のテストの点数を扱うための変数を「int a, b, c, d, e;」とするより、「int score[5];」とした方がよい。その理由は、「5名のテスト点数」という機能的な1つの意味でまとめられるからである。関数も処理内容ごと（例えば、入力処理、メニュー表示処理、出力処理など）に分けることで、機能別に整理されたものになる。

　近年開発されているプログラミング言語の多くは、**オブジェクト指向プログラミング(OOP: Object-Oriented Programming)**に対応している。オブジェクト指向プログラミングとは、プログラムを機能ごとに分かりやすく整理し、再利用性を高めるための技法であり、複数の変数や関数を1つの**クラス**というデータ型の一種にまとめることができる。

　オブジェクト指向プログラミングについては、詳しく説明するとそれだけで1冊の本になってしまうので、本章では、ボールを転がしたり投げたりする動きのシミュレーションを行うプログラムを実装するという題材を通して、基本的なクラスの作り方までを取り上げることにする。基本的な話だけではオブジェクト指向プログラミングの便利さを実感しづらいかもしれないが、より大規模なプログラムの作成時や外部ライブラリの利用時には必須といってもよい技法であるので、本章の内容を確実に理解し、さらなる勉強につなげて欲しい。

182 第 15 章 オブジェクト指向に触れてみよう

15.1 ボールの等速運動 (1)

ここでは、ボールが画面の左端から右端へ秒速 100[pixel/秒]の速さで**等速移動**（一定の速度での移動）するプログラムを作ってみる。

1 個のボールの移動を表現するためには、少なくとも次のような変数や関数が必要となる。

A) ボールの現在位置を保存する変数 x、y

B) 現在時刻 t、ボールの移動開始時刻 t0、ボールの移動速度(秒速)v

C) 現在位置(x, y)に円を表示する関数

D) 現在位置(x, y)を変更する関数

そこで、これらの 5 つの変数と 2 つの関数を 1 つにまとめたクラスとして Ball クラス[1]を作る。次のプログラム例で、その具体的を見てみよう。

	oop_ball1.pde – 左端から右へ等速移動する円のクラス
1	`//-----------------------------------------------`
2	`// Ball というクラスを作り、変数 5 つと関数 2 つをまとめる`
3	`class Ball {`
4	`  float x, y, v, t, t0;        // Ball が持つ変数`
5	
6	`  // new 命令でボールを作ったときに実行される特殊な関数`
7	`  // この関数には返り値の型を指定しない`
8	`  Ball() {`

[1] Processing では、クラス名の先頭 1 文字目を大文字にする習慣がある。

15.1 ボールの等速運動(1)

```
 9     x = 0;                    // x 座標値の初期化
10     y = height / 2;           // y 座標値の初期化
11     v = 100;                  // 秒速 v の初期化
12     t0 = millis() / 1000.0;   // この関数を実行したときの時刻
13     t = 0;                    // 時刻 t の初期化
14   }
15
16   // 現在位置にボールを表示する関数
17   void show() {
18     fill(0, 255, 0);
19     ellipse(x, y, 50, 50);
20   }
21
22   // 現在位置を更新する関数
23   void update() {
24     t = millis() / 1000.0 - t0;      // 時刻 t を更新
25     x = v * t;                       // x 座標を更新
26   }
27 }
28
29 //---------------------------------------------
30 // 大域変数
31 Ball b;                              // ボールの変数 b
32
33 //---------------------------------------------
```

184　　　　　　第 15 章　オブジェクト指向に触れてみよう

```
34  void setup() {
35    size(500, 500);
36    b = new Ball();          // ボールの実体を作って b に代入
37  }
38
39  //-------------------------------------------
40  void draw() {
41    background(255);
42    b.update();                        // b の位置を更新
43    b.show();                          // b を表示
44  }
```

　プログラムの 3〜27 行目で Ball クラスを定義しており、4 行目で局所変数 5 個、17〜26 行目で関数 2 個を登録している。これらは前述の A)〜D)の要求を満たすものである。8〜14 行目では、「**コンストラクタ**」と呼ばれる特殊な関数を登録している。コンストラクタは、new 命令（36 行目）によってボールの実体[1]が作られたときに呼び出される関数で、各変数の初期化を行う。

　ボールの型（クラス）を定義したら、31 行目で Ball 型の変数 b を宣言して、36 行目でボールの実体を作る。このようにして作られた 1 つのボールは、5 つの変数を持ち、2 つの関数を実行できる。関数を実行する際は、42、43 行目のように変数名と関数名を「.」でつないで呼び出す。なお、この例では 1 個のボールを作ったが、同様の要領で 31 行目、36 行目を複製して変数名を b2 にすれば 2 個目のボール b2 が作成できて、これも b と同様に局所変数 5 つと関数 2 つを持つようになる。

---

[1] new 命令で作られたボールの実体のことを**インスタンス**と呼ぶ。

15.2 ボールの等速運動(2)

プログラムの内容が理解できた後、実行して動作も確認したら、次の関数を
末尾に追加してみよう。

```
45  void mousePressed() {
46    b = new Ball();      // ボールを新しく作り直す
47  }
```

追加後、プログラムを実行すると、マウスをクリックするたびにボールが新
たに作られて、左から右へと移動するので、その動作を確認して欲しい。

ただし、以上の例はそれほど複雑なプログラムではないので、クラスを使わ
ずに記述することが可能であり、むしろその方が少ない行数で書けるであろう。

15.2 ボールの等速運動(2)

前節のプログラム oop_ball1.pde を改良して、マウスをクリックした位置から
ボールが動き始めるようにする。そのために、前回は「b = new Ball();」と書
いていたボールの実体の生成箇所を、「b = new Ball(mouseX, mouseY);」と改
め、生成時に座標を引数で指定できるようにする。

```
    oop_ball2.pde -- 引数のあるコンストラクタを使う例
1   //---------------------------------------------
2   // Ball というクラスを作り、変数 4 つと関数 2 つをまとめる
3   class Ball {
4     // Ball が持つ変数
5     float x, y, v, t, t0;
```

第15章　オブジェクト指向に触れてみよう

```
 6    float x0, y0;              // ボールの移動開始位置
 7
 8    // new 命令でボールを作ったときに実行される特殊な関数
 9    // この関数には返り値の型を指定しない
10    Ball(float _x0, float _y0) {
11      x0 = _x0;                // 移動開始時の x 座標値の初期化
12      y0 = _y0;                // 移動開始時の y 座標値の初期化
13      x = x0;                  // x 座標値の初期化
14      y = y0;                  // y 座標値の初期化
15      v = 100;                 // 秒速 v の初期化
16      t0 = millis() / 1000.0;  // この関数を実行したときの時刻
17      t = 0;                   // 時刻 t の初期化
18    }
19
20    // 現在位置にボールを表示する関数
21    void show() {
22      fill(0, 255, 0);
23      ellipse(x, y, 50, 50);
24    }
25
26    // 現在位置を更新する関数
27    void update() {
28      t = millis() / 1000.0 - t0;        // 時刻 t を更新
29      x = v * t + x0;                    // x 座標を更新
30    }
```

15.2 ボールの等速運動(2)

```
31   }
32
33   //-----------------------------------------------
34   // 大域変数
35   Ball b;                              // ボールの変数 b
36
37   //-----------------------------------------------
38   void setup() {
39     size(500, 500);
40     b = new Ball(mouseX, mouseY);      // ボールの実体を作る
41   }
42
43   //-----------------------------------------------
44   void draw() {
45     background(255);
46     b.update();                        // b の位置を更新
47     b.show();                          // b を表示
48   }
49
50   //-----------------------------------------------
51   void mousePressed() {
52     b = new Ball(mouseX, mouseY);
53   }
```

　プログラムの 10～17 行目のコンストラクタに、引数を介して値を渡すこと
ができるように変数_x0、_y0 を用いている。この_x0 と_y0 はコンストラクタ

内の局所変数であり、コンストラクタの実行が終われば削除されるものなので、6行目に大域変数 x0、y0 を追加して、11〜12行目で引数に指定された値を入れる。29行目では、x 座標値の更新に移動開始位置の x0 を加算している。

15.3　ボールの自由落下運動

　次は、マウスをクリックした位置からボールを下方に落下させる（自由落下運動）プログラムを作成する。ただし、100[pixel]を1[m]とみなすことにするので、重力加速度の$g = 9.8[m/s^2]$は、$g = 980[pixel/s^2]$として考える。

　自由落下運動とは、ボールを空中で静止させた状態から静かに手を離したときに起きる動きのことである。ボールの落下速度は徐々に速くなるが、その加速度は一定である（**等加速度運動**という）。手を離して落下が開始したときの位置をy_0、初速度を$v_{0y} = 0[pixel/秒]$とすると、t秒後のボールの位置yは次式で表すことができる。

$$y = y_0 + v_{0y}t + \frac{1}{2}gt^2 \quad [\text{pixel}]$$

　この計算式を前節のプログラム oop_ball2.pde の26〜30行目で定義したBallクラスの関数 update に組み込んで使用するが、その部分は次のようになる。

```
1    // 現在位置を更新する関数
2    void update() {
3      t = millis() / 1000.0 - t0;          // 時刻 t を更新
4      float g = 980.0;                      // 重力加速度を設定
5      float v0y = 0.0;             // 落下開始時の速度を 0 に設定
6      y = y0 + v0y * t + 0.5 * g * t * t;        // y の計算
```

7	}

　実際に、この関数 update に置き換えて、プログラムを実行してみよう。マウスをクリックした位置から、ボールが徐々に速度を上げながら落下する様子を見ることができるだろう。

15.4　ボールの投射運動

　続いて、マウスを任意の方向にドラッグすると、その方向に向かってボールを投げる運動（**投射運動**という）を実装してみよう。投射運動は、水平方向には等速運動、垂直方向には等加速度運動をするものである。ただし、x 方向と y 方向の初速度v_{0x}とv_{0y}はいずれも 0 でないとする。

　マウスのドラッグ操作で決まる初速度は、関数 mousePressed と関数 mouseReleased を用いて次の手順により求める。

1.　マウスボタンが押されたら、そのときの時刻と座標値を、それぞれ変数 ts、xs、ys に代入する。

2.　マウスボタンが離されたら、手順 2 と同様に、そのときの時刻と座標値を te、xe、ye に代入する。そして、v_{0x}とv_{0y}を

$$v_{0x} = \frac{x_e - x_s}{t_e - t_s} \quad [\text{pixel}/秒]$$

$$v_{0y} = \frac{y_e - y_s}{t_e - t_s} \quad [\text{pixel}/秒]$$

により求め、その後 new 命令でボールの実体を作る。このとき Ball のコンストラクタの引数には、初期値として xe、ye、v0x、v0y を与える。

190   第 15 章　オブジェクト指向に触れてみよう

以上の手順をプログラムにすると次のようになる。

	oop_ball3.pde -- ボールを投げるクラスの例
1	`//----------------------------------------------`
2	`// Ball というクラスを作り、変数 4 つと関数 2 つをまとめる`
3	`class Ball {`
4	`  // Ball が持つ変数`
5	`  float x, y, v, t, t0;`
6	`  float x0, y0;          // ボールの移動開始位置`
7	`  float v0x, v0y;`
8	
9	`  // new 命令でボールを作ったときに実行される特殊な関数`
10	`  // この関数には返り値の型を指定しない`
11	`  //（この関数をコンストラクタと呼ぶ）`
12	`  Ball(float _x, float _y, float _v0x, float _v0y) {`
13	`    x0 = _x;              // 移動開始時の x 座標値の初期化`
14	`    y0 = _y;              // 移動開始時の y 座標値の初期化`
15	`    x = _x;               // x 座標値の初期化`
16	`    y = _y;               // y 座標値の初期化`
17	`    v0x = _v0x;           // x 方向の初速度`
18	`    v0y = _v0y;           // y 方向の初速度`
19	`    t0 = millis() / 1000.0; // この関数を実行したときの時刻`
20	`    t = 0;                        // 時刻 t の初期化`
21	`  }`
22	

15.4　ボールの投射運動

```
23    // 現在位置にボールを表示する関数
24    void show() {
25      fill(0, 255, 0);
26      ellipse(x, y, 50, 50);
27    }
28
29    // 現在位置を更新する関数
30    void update() {
31      t = millis() / 1000.0 - t0;          // 時刻 t を更新
32      float g = 980.0;                     // 重力加速度
33      x = x0 + v0x * t;
34      y = y0 + v0y * t + 0.5 * g * t * t;
35    }
36  }
37
38  //---------------------------------------------
39  // 大域変数
40  Ball b;                        // ボールの変数 b
41  float ts, te, xs, xe, ys, ye;  // 初速度を求めるための変数
42
43  //---------------------------------------------
44  void setup() {
45    size(1000, 500);
46    b = new Ball(width+100, 0, 0, 0);
47  }
```

192 第 15 章 オブジェクト指向に触れてみよう

```
48
49   //------------------------------------------------
50   void draw() {
51     background(255);
52     b.update();                       // b の位置を更新
53     b.show();                         // b を表示
54   }
55
56   //------------------------------------------------
57   void mousePressed() {
58     ts = millis() / 1000.0;           // 現在の時間を記憶
59     xs = mouseX;                      // 現在の x 座標値を記憶
60     ys = mouseY;                      // 現在の y 座標値を記憶
61   }
62   //------------------------------------------------
63   void mouseReleased() {
64     te = millis() / 1000.0;           // 現在の時間を記憶
65     xe = mouseX;                      // 現在の x 座標値を記憶
66     ye = mouseY;                      // 現在の y 座標値を記憶
67     float v0x = (xe - xs) / (te - ts); // x 方向の初速度を計算
68     float v0y = (ye - ys) / (te - ts); // y 方向の初速度を計算
69     b = new Ball(xe, ye, v0x, v0y);   // ボールの実体を作る
70   }
```

　プログラムを入力し実行して、色々な方向や強さでボールを投げて（マウス
のドラッグ操作を利用）、動作を確認しよう。画面の広さは 45 行目の size 命

令で調整できる。ボールの勢いは、67、68 行目の右辺の大きさで強弱が変えられ、例えば 2 で割るとかなり弱くなるし、2 倍すると強くなる。

15.5　的当てゲーム

前節のプログラム oop_Ball3.pde でボールを投げられるようになったので、それを応用して的当てゲームを作ってみよう。そのためには的のクラスが新たに必要である。的を実現するには、

A)　的の現在位置を保存する変数 x、y

B)　現在位置(x, y)に円を表示する関数

C)　的にボールが当たったときの表現や演出

などが必要となる。ここで、C)については B)の関数の中に含めることにする。以上をまとめた Target クラスの定義を次に示す。

	oop_game.pde -- 的当てゲームのための的のクラス
1	`//--------------------------------------------`
2	`// 的のクラス`
3	`class Target {`
4	`  float x, y;      // 的の座標`
5	`  boolean atari;  // 当たりのとき true、そうでなければ false`
6	
7	`  // 的のコンストラクタ`
8	`  Target() {`

194   第 15 章　オブジェクト指向に触れてみよう

```
 9      x = random(width);              // 的の x 座標の初期化
10      y = random(height);             // 的の y 座標の初期化
11      atari = false;                  // 状態の初期化
12    }
13
14    // 的を表示する関数
15    void show() {
16      float kyori = dist(x, y, b.x, b.y);   //ボールとの距離計算
17      if (kyori <= 50 + 25) {
18        if (atari == false) {
19          println("当たり");                // 当たった瞬間に表示
20        }
21        atari = true;
22        fill(255, 0, 0);          // ボールが当たったときは赤色
23      } else {
24        atari = false;
25        fill(255);                // ボールが当たらないときは白色
26      }
27      ellipse(x, y, 100, 100);                    // 的を表示
28    }
29  }
```

　プログラムの 8〜12 行目のコンストラクタでは各変数を初期化し、15〜29
行目の関数 show は、的にボールが当たったかどうかの判定や当たった際の表
示を行う。16 行目の dist 命令では、的とボールとの距離 kyori を求めている
が、この例の後ろ 2 つの引数のようにボール b の局所変数 x、y は b.x、b.y

15.5　的当てゲーム

という書き方で参照できる。

17 行目の当たり判定では、的の半径 50 とボールの半径 25 との合計値と kyori を比較し、当たりであれば塗りつぶし色を赤色(22 行目)、外れであれば白色(25 行目)で的を表示する(27 行目)。的の色は、ボールが当たった時点から外れるまでの間じゅう赤色である。

これと違って、当たった瞬間に 1 回だけ処理を施したいこともある。当たった瞬間に効果音を出したり、スコアを 1 点増やしたりする処理がそれである。これらの動作を実現するために、Target クラスでは boolean 型の変数 (6.2 節参照) atari を使っている。17 行目 if 文の判定結果にしたがって、当たりの場合は 21 行目で true を、外れのときは 24 行目で false を、それぞれ atari に代入している。当たった瞬間には、変数 atari の内容が false から true に変わるので 18 行目の if 文でその瞬間を検出できて、19 行目の println 命令でコンソール領域に「当たり」と出力する。これが当たった瞬間に 1 回だけ行う処理を実現する技法である。

以上の Target クラスの定義を前節のプログラム oop_ball3.pde に追加したら、さらに次の追加が必要である。

- Target 型の大域変数 tgt を作る（Target tgt;）。
- setup()内で的の実体を作る（tgt = new Target();）。
- draw()内で的を表示する関数を呼び出す（tgt.show();）。

これらをすべて組み込み終えたら、プログラムを実行してゲームの動作を確認してみよう。的の位置はコンストラクタ内で乱数により与えられるので、例えば x を 50、y を height/2 などに変更するとバスケットボールのゴールのようになる。読者で色々改良してみて欲しい（章末課題もこのプログラムの改造に関する課題である）。

196　　第 15 章　オブジェクト指向に触れてみよう

章末課題

ex15_01

15.5 節で完成させた的当てゲームプログラムを改造して、的の数を複数個に増やそう。

ex15_02

前問 ex15_01 のプログラムの Target クラスにおいて、的の大きさを入れる変数 size を追加して、それぞれの的の大きさがランダムに定まるようにしよう。ただし、的の大きさが変わると、ボールの当たり判定にも変更が必要であることに注意すること。

ex15_03

前問 ex15_03 のプログラムの Target クラスに、的の現在位置を更新する関数 update を追加し、的が画面内を動き回るようにしよう。ただし、具体的な動き方は自由に決めてよい。

ex15_04

前問 ex15_03 のプログラムを改造して、ボールを当てた回数（得点）を表示するクラス Score を作成しよう。

ex15_05

前問 ex15_04 のプログラムを改造して、ボールを当ててはいけない偽物の的のクラス FakeTarget を作成しよう。この偽物の的は、前問までの的とは色を変えて見分けがつくようにし、それにボールが当たったら得点が下がるようにす

ること。

ex15_06

前問 ex15_05 のプログラムを改造して、投げたボールが画面の左右の端に触れたら逆方向に跳ね返るようにしてみよう。

ex15_07

15.5 節で完成させた的当てゲームプログラムを改造して、バスケットゴールにシュートするゲームを作ろう。このとき、的をゴールらしい絵や図形に変え、当たりの判定ではゴールの上側からボールが入り込んだときにのみ当たりと判定する（ゴールの下側からボールが入ったときは当たりと見なさない）ようにしてみよう。

第16章 音を再生しよう

　ゲームなどのプログラムでは、雰囲気を演出したり、あるいはユーザに注意を促したりする目的で、BGM や効果音のような音が使用される。Processing の現時点での最新バージョンである Processing3 では、公式開発元が提供する Sound ライブラリをインストールして利用できるが、現在のところでは不具合が報告されているため、本書では第三者が開発し、広く使用されている Minim ライブラリをインストールして音を再生させる方法について説明する。

16.1　Minim ライブラリの準備

　Processing で音を再生するためには、まず PC に Minim ライブラリをインストールする必要がある。その方法を次に述べる。

　Processing の上部メニューの「ルール」メニューから「ツールを追加」を選び、Contribution Manager 窓（図 16.1.1 参照）を開く。そして、「Libraries」タブを選ぶとインストール可能なライブラリがアルファベット順に表示される。その中から Minim ライブラリを選んで「Install」ボタンを押すと、ライブラリがダウンロードされ、インストールされる。もし「Install」ボタンが押せない状態で、かつライブラリ名の左にチェックマークが付いていれば、既にインストール済みの状態なので、特にこの作業をする必要はない。

16.2 音声ファイルの再生手順

図 16.1.1　Minim ライブラリのインストール画面

16.2　音声ファイルの再生手順

Minim ライブラリをインストールしたら、次の手順で音声を再生することができる。

① 音声再生プログラムの入力

次に示すのは、キーを押すと音声ファイルを1回再生するプログラムである。このとおりに入力してみよう。

	soundPlay.pde -- 音声ファイルを再生するプログラムの例
1	`import ddf.minim.*;`
2	
3	`Minim minim;`
4	`AudioPlayer bgm;`

```
5
6   void setup() {
7     size(200, 200);
8     // 音声ファイルの読み込み
9     minim = new Minim(this);
10    bgm = minim.loadFile("data/tada.wav", 2048);
11    if (bgm == null) exit();
12  }
13
14  void draw() {}
15
16  void keyPressed() {
17    bgm.rewind();          // 再生開始位置をファイル先頭に設定
18    bgm.play();            // 音声の再生
19  }
```

② プログラムを保存する

入力が終わったら、プログラムに名前を付けて保存する。例では soundPlay.pde としている。

③ 音声ファイルを登録する

次に、再生する音声ファイルを登録する。登録方法は画像ファイルの読み込みと同じ要領であり、ここでは Windows に入っている効果音ファイル tada.wav を使って手順を説明する。

Processing の上部メニューの「スケッチ」から「ファイルを追加」を選ぶとファイル選択窓が開く。その窓で、C ドライブの「C:¥Windows¥media」フォル

ダの中から tada.wav を選んで登録する。すると、プログラムの保存フォルダの下に「data」フォルダが作られ、その中に tada.wav がコピーされる。

④ プログラムを実行する

プログラムを実行して、実行窓をクリックした後、何かキーを押してみよう。音が出れば成功であるが、もし出ない場合は PC の設定を確認して、音量や再生デバイスの選択を確認すること。実行窓も出ないようであれば、コンソール領域にエラーメッセージがあるかどうかを確認しよう。「Couldn't load the file…」などの表示が出ている場合は、音声ファイルが正しく登録できていなかったり、10 行目のファイル名を間違えていたりすることが多いので、もう一度確認した方がよい。

⑤ プログラムの仕組みを理解する

プログラムが正しく動いたら、その仕組みを理解しよう。soundPlay.pde では、3〜4 行目で必要な変数 minim と bgm を宣言し、9〜11 行目で音声ファイルを読み込むなどの設定を行っている。それらにより、AudioPlayer クラスの変数 bgm で音声再生や停止などの命令を呼び出せるようになるので、17〜18 行目で rewind 命令と play 命令を使って音声を再生している。各命令については、次節にまとめて示す。

16.3 音声ファイルの再生制御命令

AudioPlayer クラスの変数で使用できる主な命令を表 16.3.1 に示す。

第 16 章　音を再生しよう

表 16.3.1　AudioPlayer クラスで使える主な関数

	説明
rewind()	音の再生開始位置をファイル先頭にする。
play()	音声を 1 回再生する。
pause()	再生を一時停止する。
loop()	音声をループ再生する。
mute()	音量をミュートする。
unmute()	音量のミュートを解除する。
isPlaying()	再生中なら true、そうでなければ false を返す。
isLooping()	ループ再生中なら true、そうでなければ false を返す。
isMuted()	ミュート中なら true、そうでなければ false を返す。
loopCount()	ループ再生の回数を返す。

ループ再生を使ったプログラム

　音声再生のプログラムの 2 つ目の例として、ループ再生のプログラム例を次に示す。

	soundLoop.pde -- 音声ファイルをループ再生するプログラムの例
1	`import ddf.minim.*;`
2	
3	`Minim minim;`
4	`AudioPlayer bgm;`
5	

16.3 音声ファイルの再生制御命令

```
6   void setup() {
7     size(200, 200);
8     // 音声ファイルの読み込み
9     minim = new Minim(this);
10    bgm = minim.loadFile("data/tada.wav", 2048);
11    if (bgm == null) exit();
12  }
13
14  void draw() {}
15
16  void keyPressed() {
17    if (bgm.isPlaying() == true) {
18      bgm.pause();        // ループ再生を一時停止
19    } else {
20      bgm.rewind();       // 再生開始位置をファイル先頭に設定
21      bgm.loop();         // 音声をループ再生
22    }
23  }
```

　このプログラムは、前節の soundPlay.pde の関数 keyPressed の中身を変更したものである。プログラムを実行して、実行窓で任意のキーを押すと、指定した音声ファイルの音声をループ再生する。また、ループ再生中にいずれかのキーを押すと再生を停止し、これら一連の動作を繰り返すことが可能である。

　ここで用いたような命令を使えば、ゲームなどでシーンに応じた音楽ファイルを読み込んで再生させることができる。

章末課題

ex16_01

　ド、レ、ミ、ファ、ソ、ラ、シの音の出る音声ファイルを用意し（どの楽器の音でもよいし、自分の声を録音して使ってもよい）、キーボードの a、s、d、f、g、h、j キーを押すと、順にド〜シのうちの 1 音を再生する簡易的な楽器プログラムを作成しよう。

ex16_02

　実行窓内で任意のキーを押すと、音声が 3 回ループ再生して停止するプログラムを作成しよう。

（ヒント）

　表 16.3.1 の loopCount 命令を使うとループ回数が分かるので、回数が 4 回になった時点で同表の pause 命令を実行するとよい。

ex16_03

　前章までの章末課題で作成したプログラムや例示したプログラムの中から 1つ選んで、BGM や効果音を付けよう。

ex16_04

　簡易的なメトロノームを作成しよう。すなわち、millis 命令を使って定期的に音を再生させるプログラムを作ろう。使用する音はなるべく短く、かつ無音区間も短いものがよい。さらに、もしできるようであれば、メトロノームの速さをユーザが変更できる仕組みも実装すること。

第17章　ゲームを作ろう

　これまで、説明で使用した例や章末課題において、簡易的なゲームのプログラムをいくつか取り上げてきた。ゲームはプログラミングの基礎から高度な内容までを用いて作成されるもので、ビジュアルデザイン向きの言語であるProcessing の入門としては最適ともいえる応用である。そこで、終章となる本章では、これまで述べてきた内容のまとめにあたる総合的な応用として、宇宙船を動かして隕石を避けるゲームのプログラムを作成する。

17.1　ゲームの概要

　まず、作成するゲームの概要設計を行ってみよう。ストーリーやルールなどをまとめたものが表 17.1.1 である。

表 17.1.1　ゲームの概要設計

ストーリー	宇宙船で宇宙を旅していたところ、隕石群に遭遇した。残りの燃料を考えると迂回する訳にもいかないため、隕石群に突入することにした。計算によると、60 秒で隕石群内を通過できることが分かった。
ルール	宇宙船を動かして、飛んでくる隕石を 60 秒間避け続ける。この間、隕石に衝突した回数が 10 回以下であればゲームクリアとする。もしも 10 回を超えると、11 回衝突した時点でゲームオーバーとする。

206 第 17 章　ゲームを作ろう

宇宙船の仕様	矢印キーにより移動する。多重シールドを持っているので、隕石 10 個の衝突までは耐えられる。よって、11 個目の衝突で宇宙船本体が壊れてしまう。
隕石の仕様	画面右側から左方向へ向かって飛んでくる。大きさや速さは一定せず、様々である。宇宙船に衝突するとシールドを 1 層破壊するが、隕石自体も消滅する。隕石群の散らばり方により、時間が経過するにつれて個数はだんだん増加する。

　この概要設計をもとにプログラムを作成するが、主な構成要素である宇宙船、隕石、背景（星空）については、それぞれクラスとして実装することにする。各クラスの持つ変数と関数を 3 つの表 17.1.2〜17.1.4 にまとめる。

表 17.1.2　Player クラス（宇宙船のクラス）の構成

名称	説明
x, y	宇宙船の位置を入れる変数
speed	宇宙船の移動速度を入れる変数
shield	シールドの数を入れる変数
reset()	各変数値を初期化する関数
draw()	宇宙船を描く関数
update()	宇宙船を移動させる関数
hit(tx, ty, tSize)	座標(tx, ty)にある大きさ tSize の隕石と宇宙船との衝突判定の関数

17.1 ゲームの概要

表17.1.3 Meteorite クラス（隕石1個のクラス）の構成

名称	説明
x, y	隕石の位置を入れる変数
speed	隕石の移動速度を入れる変数
size	隕石の大きさを入れる変数
crashed	隕石の状態（宇宙船に衝突済みか未衝突か）を入れる変数
reset()	各変数値を初期化する関数
draw()	隕石を描く関数
update()	隕石を移動させる関数

表17.1.4 Back クラス（背景のクラス）の構成

名称	説明
sN	星の数を入れる変数
x[sN], y[sN]	sN 個の星の位置を入れる配列
speed[sN]	sN 個の星の移動速度を入れる配列
shield	シールドの数を入れる変数
Back()	各変数値を初期化する関数
draw()	星空を描く関数
update()	星空を移動させる関数

　最後に、ゲームの画面状態を決める。全体を4つの状態に分け、それぞれを「①オープニング状態」、「②ゲームプレイ状態」、「③ゲームクリア状態」、「④ゲームオーバー状態」とする。各状態の概要を次にまとめる（それぞれの画面も右側に示す）。

① オープニング状態

プログラムを起動した直後の状態である。この状態でペースキーが押されると、②のゲームプレイ状態に切り替える。

② ゲームプレイ状態

ゲームプレイ中の状態であり、画面には隕石、宇宙船が表示される。また、画面の上部にはシールドの層数とゲームクリアまでの秒数も表示する。そして、ゲーム開始から60秒が経過したら、③のゲームクリア状態に切り替える。もし、60秒より前に隕石と11回衝突した場合は、④のゲームオーバー状態に切り替える。

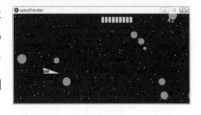

③ ゲームクリア状態

ゲームクリアしたときの状態である。画面にはクリアできたことを示すメッセージが表示される。この状態でスペースキーが押されると、②のゲームプレイ状態に切り替えて、新しいゲームとなる。

④ ゲームオーバー状態

隕石に11回衝突して、ゲームが終了したときの状態。画面にはゲームオーバーを示すメッセージが表示される。この状態で、スペースキーが押されると、③と同様

に、②のゲームプレイ状態に切り替えて、新しいゲームとなる。

17.2 宇宙船（プレイヤー）の実装

　規模の大きなプログラムを作る場合には、一気に全体を作るのではなく、いくつかの部分に分けて、各部分ごとに動作を確認しながら最終的に全体を組み立てる方法が一般的である。一気に作ってしまうと、正常に動作しないときやバグがあるときに、間違いやエラーの箇所を特定するのが難しくなるデメリットがある。逆に、部分ごとに作ると、その一部が他に転用できたりするメリットもある。そこで本章では、

1. 宇宙船（Player クラス）の実装
2. 隕石（Meteorite クラス）の実装
3. 背景（Back クラス）の実装
4. 画面状態の実装

の順番で、動作確認をしながら作成作業を進めていくことにする。

　まず本節では、宇宙船（Player クラス）を実装する。宇宙船の表示や操作に必要な変数と関数は表 17.1.2 にまとめたとおりである。それに基づいて、作成したものが次のプログラムである。

	spaceTraveler_Player.pde -- 宇宙船の実装部分
1	*ここに 17.6 節のプログラム spaceTraveler.pde の 1 行目から*
80	*80 行目までを入力すること。*
81	

210   第 17 章　ゲームを作ろう

```
82  //---- ※以下は Player クラスを正しく実装できているか
83  //----    確認するためのテストコードである。確認できたら
84  //----    これらのテストコードは削除する。
85  boolean up, down, left, right;        // キー操作用の変数
86  Player player;                        // 宇宙船の変数
87  int status = 1;                       // ゲームの状態番号
88
89  void setup() {
90    size(600, 300);
91    frameRate(30);                      // ゲームスピードを固定する
92    player = new Player();              // 宇宙船の初期化
93  }
94
95  void draw() {
96    background(0, 0, 100);
97    player.update();                    // 宇宙船を動かす
98    player.draw();                      // 宇宙船を描く
99  }
```

　このプログラムを入力し実行すると図 17.2.1 のような画面が表示されるは
ずである。それを見て、次の点を確認してみよう。

・　宇宙船の形は適切か？
・　上下左右の矢印キーで宇宙船を移動できるか？画面の上下左右の隅から
　　はみ出さないか？
・　画面上部にシールド数を表す 10 個の四角形があるか？

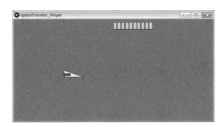

図 17.2.1　宇宙船を正しく実装できた場合の実行画面

なお、テストコード[1]では隕石が未実装であるため、衝突判定の関数 hit についての動作確認は行っていない。

また、この宇宙船は、矢印キーを同時に2つ押せば斜めに移動できるように実装されている（例えば、右矢印キーと下矢印キーを同時に押せば、宇宙船が右下に移動する）。この機能は、第10章などで説明したシステム変数 key を利用しても実現できない。そこで、このプログラムでは、key の代わりに boolean 型の大域変数 up、down、left、right を用意し、上下左右の各矢印キーが押されているかどうかを独自に管理することで実現している。詳しくはプログラムを読んで理解してみて欲しい。

17.3　隕石の実装

次に前節と同様にして、隕石を実装して、その動作を確認する。隕石1個の表示や操作に必要な変数と関数は、前述の表 17.1.3 にまとめている。それらについて、前節のプログラム spaceTraveler_Player.pde を書き変えて、次のように実装する。

---

[1] プログラムのことを**ソースコード**またはコードと呼ぶ習慣があり、テスト用のプログラムをテストコードという。

	spaceTraveler_Meteorite.pde – 隕石の実装
1	*ここに 17.6 節のプログラム spaceTraveler.pde の 1 行目から*
129	*129 行目までを入力すること。*
130	
131	//--- ※以下は Meteorite クラスを正しく追加実装できているか
132	//--- 確認するためのテストコードである。確認できたら
133	//--- これらのテストコードは削除する。
134	boolean up, down, left, right; // キー操作用の変数
135	Player player; // 宇宙船の変数
136	int status = 1; // ゲームの状態番号
137	Meteorite[] meteor; // 隕石の配列
138	int mMax = 50; // 隕石の最大数
139	
140	void setup() {
141	size(600, 300);
142	frameRate(30); // ゲームスピードを固定する
143	player = new Player(); // 宇宙船の初期化
144	meteor = new Meteorite[mMax]; //mMax 個の隕石の配列を作る
145	for (int i = 0; i < mMax; i++) {
146	meteor[i] = new Meteorite(); // 各隕石の初期化
147	}
148	}
149	
150	void draw() {
151	background(0, 0, 100);

152	`player.update();`	// 宇宙船を動かす
153	`player.draw();`	// 宇宙船を描く
154	`for (int i = 0; i < mMax; i++) {`	
155	`  meteor[i].update();`	// 各隕石を移動する
156	`  meteor[i].draw();`	// 各隕石を描く
157	`}`	
158	`}`	

入力したら実行して、図 17.3.1 のような画面が出てくるので、次の事項の確認を行う。

- 隕石群が途切れることなく、画面の右から左へ飛来してくるか？
- 隕石が宇宙船に当たったら衝突を示す黄色の円が現れるか？そして画面上部のシールド数が減るか？

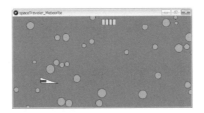

図 17.3.1　隕石を正しく実装できた場合の実行画面

17.4　背景の実装

前節までに実装した範囲では、宇宙船が前進している現実感や画面の立体感

が乏しいので、背景として遠くの星がゆっくり動く様子を追加して実装し、その動作を確認する。星空の表示や操作に必要な変数と関数は、前述の表 17.1.4 のとおりである。それらについて、前節のプログラム spaceTraveler_Meteorite.pde を書き変えて、次のように実装する。

	spaceTraveler_Back.pde – 背景の実装
1	*ここに 17.6 節のプログラム spaceTraveler.pde の 1 行目から*
167	*167 行目までを入力すること。*
168	
169	//---- ※以下は Back クラスを正しく追加実装できているか
170	//---- 確認するためのテストコードである。確認できたら
171	//---- これらのテストコードは削除する。
172	boolean up, down, left, right;　　　　// キー操作用の変数
173	Player player;　　　　　　　　　　　　　// 宇宙船の変数
174	int status = 1;　　　　　　　　　　// ゲームの状態番号
175	Meteorite[] meteor;　　　　　　　　　// 隕石の配列
176	int mMax　 = 50;　　　　　　　　　　// 隕石の最大数
177	Back back;　　　　　　　　　　　　　// 背景(星空)
178	
179	void setup() {
180	size(600, 300);
181	frameRate(30);　　　　　// ゲームスピードを固定する
182	player = new Player();　　　　　// 宇宙船の初期化
183	meteor = new Meteorite[mMax]; //mMax 個の隕石の配列を作る
184	for (int i = 0; i < mMax; i++) {

17.4 背景の実装

```
185      meteor[i] = new Meteorite();    // 各隕石を初期化する
186    }
187    back = new Back();                // 背景の初期化
188  }
189
190  void draw() {
191    back.update();                    // 背景の星を移動
192    back.draw();                      // 背景の星空を表示
193    player.update();                  // 宇宙船を動かす
194    player.draw();                    // 宇宙船を描く
195    for (int i = 0; i < mMax; i++) {
196      meteor[i].update();             // 各隕石を移動
197      meteor[i].draw();               // 各隕石を描く
198    }
199  }
```

このプログラムを入力して実行し、出てくる図 17.4.1 のような画面を見て、次の確認を行う。

- 小さな白い星が途絶えることなく、画面の右から左にゆっくりと移動するか？

図 17.4.1 背景を正しく実装できた場合の実行画面（一部拡大）

17.5 ゲームの各状態の実装の考え方

前節までで、ゲームをプレイする状態は概ね実装できた。本節では、ゲーム全体の流れ（17.1 節に示した 4 つの状態間の遷移）について説明する。今回のプログラムでは、各状態に 1〜4 の番号を割り当てて、int 型の大域変数 status に現在の状態番号を入れることで、現在の状態を管理する。それぞれの状態における処理は、関数として記述する。これらを表 17.5.1 にまとめる。

表 17.5.1　状態番号と対応する関数

状態番号	状態名	関数名
1	オープニング状態	opening()
2	ゲームプレイ状態	gamePlay()
3	ゲームクリア状態	gameClear()
4	ゲームオーバー状態	gameOver()

この変数 status の値ごとに、各状態を関数で実装する例を次に示す。

	status.pde -- ゲームの 4 つの状態間の遷移
1	`int status = 1;`　　　// 状態番号の初期値(オープニング状態)
2	`float travelTime = 5000; //` ゲームクリア状態になるまでの時間
3	`float startTime;`　　// ゲームプレイの開始時刻を入れる変数
4	
5	`void setup() {`
6	`  size(600, 300);`
7	`}`

17.5 ゲームの各状態の実装の考え方   217

```
 8
 9  void draw() {
10    background(0, 0, 100);
11    fill(255, 255, 0);
12    if (status == 1)        opening();
13    else if (status == 2) gamePlay();
14    else if (status == 3) gameClear();
15    else                  gameOver();
16  }
17
18  void changeStatus() {
19    if (keyPressed == true) {
20      if (key == ' ') {
21        startTime = millis();          // 現在時刻を記録
22        status = 2;                // ゲームプレイ状態にする
23      } else if (key == '4') {
24        status = 4;                // ゲームオーバー状態にする
25      }
26    }
27  }
28
29  void opening() {  //-------------------- オープニング状態
30    text("OPENING", width/2, height/2);
31    changeStatus();
32  }
```

218   第 17 章　ゲームを作ろう

```
33
34   void gamePlay() {   //-------------------- ゲームプレイ状態
35     float elapsedTime = millis() - startTime;
36     if (elapsedTime >= travelTime) status = 3;
37     int remain = (int)(travelTime - elapsedTime) / 1000;
38     text(remain, width / 2, height / 2);
39   }
40
41   void gameClear() {   //-------------------- ゲームクリア状態
42     text("GAME CLEAR", width/2, height/2);
43     changeStatus();
44   }
45
46   void gameOver() {   //------------------- ゲームオーバー状態
47     text("GAME OVER", width/2, height/2);
48     changeStatus();
49   }
```

　このプログラムを入力して、実行してみよう。最初は画面中央に「OPENING」
と表示される。そこでスペースキーを押すとゲームプレイ状態となり、5000 ミ
リ秒（確認用に 5 秒に設定している）後にゲームクリア状態になって「GAME
CLEAR」と表示される。ここでスペースキーを押せば再びゲームプレイ状態に
なる。オープニング状態かゲームクリア状態で「4」キーを押すと、ゲームオー
バー状態となって「GAME OVER」と表示され、プログラムは終了する。

　ゲームプレイ状態のときは、残り時間がカウントダウンされる。これを求め
るために、スペースキーが押された時刻をゲームプレイ開始時刻として変数

startTime に入れておき（21 行目）、35 行目で経過時間 elapsedTime を、37 行目で残り時間 remain をそれぞれ求めている。

17.6　ソースコード全体

宇宙船を動かして隕石を避けるゲームのソースコード全体を以下に示す。

	spaceTraveler.pde -- 宇宙船で隕石を避けるゲーム
1	`///////////////////////////////////////////////////`
2	`//// 宇宙船のクラス`
3	`class Player {`
4	`  float x, y, speed;    // 宇宙船の x と y 座標、移動スピード`
5	`  int shield;          // 宇宙船のシールド数`
6	
7	`  //--------------- new 命令が実行されたときに呼ばれる関数`
8	`  Player() {`
9	`    reset();`
10	`  }`
11	
12	`  //---------------- 宇宙船の各変数を初期化する`
13	`  void reset() {          // 宇宙船の各変数の初期化`
14	`    x = 50;              // 初期位置`
15	`    y = height / 2;      // 初期位置`
16	`    speed  = 10;         // 移動スピード`
17	`    shield = 10;         // シールド数`

第 17 章 ゲームを作ろう

```
18      }
19
20      //---------------- 宇宙船を描く
21      void draw() {
22        // 宇宙船を描く
23        pushMatrix();
24        translate(x, y);                  // (x, y)を原点にする
25        stroke(0);
26        fill(200);
27        triangle(0, 0, 60, 20, 3, 20);
28        fill(50);
29        rect(0, 10, 20, 6);
30        popMatrix();
31
32        // 画面上方にシールドの残数を描く
33        for (int i = 0; i < shield; i++) {
34          fill(100, 255, 100);
35          rect(width / 2 + 12 * i, 10, 10, 20);
36        }
37      }
38
39      //---------------- 宇宙船を移動させる
40      void update() {
41        if (up    == true && y-speed    > 0    ) y -= speed;
42        if (down  == true && y+speed+20 < height) y += speed;
```

17.6 ソースコード全体

```
43      if (left  == true && x-speed    > 0     ) x -= speed;
44      if (right == true && x+speed+60 < width ) x += speed;
45    }
46
47    //---------------- 宇宙船に隕石が当たったかどうかの判定
48    boolean hit(float tx, float ty, float tSize) {
49      float r = tSize / 3.5;
50      if (x < tx + r && tx - r < x + 60 &&
51        y < ty + r && ty - r < y + 20) {
52        shield--;
53        if (shield < 0) status = 4;
54        return true;
55      } else {
56        return false;
57      }
58    }
59  }
60
61  //---------------- キーを押したときに呼ばれる関数
62  void keyPressed() {
63    if (key == CODED) {
64      if (keyCode == UP   ) up    = true;
65      if (keyCode == DOWN ) down  = true;
66      if (keyCode == LEFT ) left  = true;
67      if (keyCode == RIGHT) right = true;
```

第 17 章　ゲームを作ろう

```
68      }
69    }
70
71    //---------------- キーを離したときに呼ばれる関数
72    void keyReleased() {
73      if (key == CODED) {
74        if (keyCode == UP   ) up    = false;
75        if (keyCode == DOWN ) down  = false;
76        if (keyCode == LEFT ) left  = false;
77        if (keyCode == RIGHT) right = false;
78      }
79    }
80
81    ////////////////////////////////////////////////////////
82    //// 隕石１個のクラス
83    class Meteorite {
84      float x, y, speed, size;    // 座標、移動速度、大きさ
85      boolean crashed;            // false=移動中の状態
86                                  // true=飛行機に衝突した状態
87      //--------------- new 命令が実行されたときに呼ばれる関数
88      Meteorite() {
89        reset();
90      }
91
92      //---------------- 隕石の各変数を初期化する
```

17.6 ソースコード全体

```
93   void reset() {
94     x = random(width, 2 * width);        // 初期位置
95     y = random(height);                  // 初期位置
96     speed = random(2, 20);               // 移動スピード
97     size = random(10, 30);               // 大きさ
98     crashed = false;                     // 隕石の状態
99   }
100
101  //---------------- 隕石を描く
102  void draw() {
103    stroke(0);
104    fill(235, 130, 80);
105    ellipse(x, y, size, size);           // 隕石を描く
106    if (crashed == true) { //衝突状態なら爆発を表す円を描く
107      noStroke();
108      fill(255, 255, 0, 100);
109      ellipse(x+random(-20,20),y+random(-20,20),size,size);
110      ellipse(x+random(-20,20),y+random(-20,20),size,size);
111    }
112  }
113
114  //---------------- 隕石の移動、宇宙船との衝突判定を行う
115  void update() {
116    x -= speed;                  // 隕石を左に移動
117    if (x < -size) reset();      // x が左端に達したらリセット
```

224　　第 17 章　ゲームを作ろう

```
118      if (crashed == false) {
119        crashed = player.hit(x, y, size);         // 衝突判定
120      } else {
121        if (size > 0) {
122          size -= 4;       // 衝突状態なら大きさを小さくする
123        } else {
124          reset();         // 大きさが 0 以下になったらリセット
125        }
126      }
127    }
128  }
129
130  ///////////////////////////////////////////////////////////
131  //// 背景(星空)のクラス
132  class Back {
133    float[] x, y, speed;        // 座標、移動速度、大きさ
134    int sN;                     // 星の数
135
136    //--------------- new 命令が実行されたときに呼ばれる関数
137    Back() {
138      sN = 100;                 // 星の数を 100 にする
139      x = new float[sN];        // 各星の x 座標値を入れる配列
140      y = new float[sN];        // 各星の y 座標値を入れる配列
141      speed = new float[sN];    // 各星の移動速度を入れる配列
142      for (int i = 0; i < sN; i++) {
```

17.6 ソースコード全体

```
143       x[i] = random(width);              // x 座標値を初期化
144       y[i] = random(height);             // y 座標値を初期化
145       speed[i] = random(1);              // 移動速度を初期化
146     }
147   }
148
149   //---------------- 星空を描く関数
150   void draw() {
151     background(0, 0, 100);             // 暗めの青色で塗つぶす
152     noStroke();
153     fill(255);
154     for (int i = 0; i < sN; i++) {
155       ellipse(x[i], y[i], 2, 2);              // 星を描く
156     }
157   }
158
159   //---------------- 星空を移動する関数
160   void update() {
161     for (int i = 0; i < sN; i++) {
162       x[i] -= speed[i];                   // x を減らす
163       if (x[i] < -2) x[i]+=width;//x が左端に達したら右端へ
164     }
165   }
166 }
167
```

第 17 章　ゲームを作ろう

```
168  ////////////////////////////////////////////////////////
169  boolean up, down, left, right;        // キー操作用の変数
170  Back back;                            // 背景(星空)
171  Player player;                        // 宇宙船
172  Meteorite[] meteor;                   // 隕石の配列
173  int mMax   = 50;                      // 隕石の最大数
174  int mN     = 0;                       // 画面に登場させる隕石の数
175  int status = 1;   // ゲームの現在の状態番号(1=opening 状態)
176  float travelTime = 60000;   // ゴール到達までの時間(ミリ秒)
177  float startTime;                      // ゲームプレイ開始時刻
178
179  //----------------- 初期設定を行う
180  void setup() {
181    size(600, 300);
182    frameRate(30);               // ゲームスピードを固定する
183    noCursor();              // マウスカーソルを非表示にする
184    player = new Player();            // 宇宙船の初期化
185    meteor = new Meteorite[mMax];      // 隕石配列を作る
186    for (int i = 0; i < mMax; i++) {
187      meteor[i] = new Meteorite();       // 隕石の初期化
188    }
189    back = new Back();                 // 背景の初期化
190  }
191
192  //----------------- ゲームのメインルーチン
```

17.6　ソースコード全体

```
193  void draw() {
194    if (status == 1)        opening();      // オープニング状態
195    else if (status == 2) gamePlay();      // ゲームプレイ状態
196    else if (status == 3) gameClear();     // ゲームクリア状態
197    else                  gameOver();      // ゲームオーバー状態
198  }
199
200  //---------------- スペースキーが押されたときの処理
201  void pressSpaceKey() {
202    if (keyPressed == true && key == ' ') {
203      player.reset();
204      for (int i = 0; i < mN; i++) meteor[i].reset();
205      startTime = millis();         // 現在時刻を記録
206      status = 2;                   // ゲームプレイ状態にする
207    }
208  }
209
210  //---------------- オープニング状態のときの処理
211  void opening() {
212    back.update();                          // 背景の星を移動
213    back.draw();                            // 背景の星空を表示
214    player.update();                         // 宇宙船を移動
215    player.draw();                           // 宇宙船を表示
216
217    // オープニング用の文字表示
```

228 第 17 章　ゲームを作ろう

```
218    fill(255, 255, 0);
219    textSize(30);
220    textAlign(CENTER, CENTER);
221    text("SPACE TRAVELER",              width/2, height/2);
222    text("PRESS SPACE KEY TO START", width/2, height/2+50);
223
224    pressSpaceKey();  // スペースキーが押されたらプレイ開始
225  }
226
227  //---------------- ゲームプレイ状態のときの処理
228  void gamePlay() {
229    back.update();                        // 背景の星を移動
230    back.draw();                          // 背景の星空を表示
231    player.update();                      // 宇宙船を移動
232    player.draw();                        // 宇宙船を表示
233    for (int i = 0; i < mN; i++) {
234      meteor[i].update();                 // 隕石を移動
235      meteor[i].draw();                   // 隕石を表示
236    }
237    // プレイ経過時間が 60 秒以上ならゲームクリア状態にする
238    float elapsedTime = millis() - startTime;
239    if (elapsedTime >= travelTime) status = 3;
240
241    // ゲームクリアまでの残り時間を表示
242    fill(100, 255, 100);
```

17.6 ソースコード全体

```
243    textSize(20);
244    textAlign(RIGHT, TOP);
245    int remain = (int)(travelTime - elapsedTime) / 1000;
246    text(remain, width - 50, 10);
247
248    // 登場する隕石数を更新する(時間が経つほど個数を増やす)
249    mN = (int)(elapsedTime * mMax / travelTime);
250  }
251
252  //---------------- ゲームクリア状態のときの処理
253  void gameClear() {
254    // ゲームクリア表示
255    fill(255, 255, 0, 10);
256    textSize(30);
257    textAlign(CENTER, CENTER);
258    text("GAME CLEAR",                width/2, height/2);
259    text("YOUR SCORE="+player.shield, width/2, height/2+50);
260    text("PRESS SPACE KEY TO RESTART", width/2, height/2+100);
261
262    pressSpaceKey();    // スペースキーが押されたらプレイ開始
263  }
264
265  //---------------- ゲームオーバー状態のときの処理
266  void gameOver() {
267    // 画面を徐々に白くする
```

268	`fill(255, 5);`
269	`rect(0, 0, width, height);`
270	
271	`// ゲームオーバー表示`
272	`fill(0, 0, 255, 10);`
273	`textSize(30);`
274	`textAlign(CENTER, CENTER);`
275	`text("GAME OVER",                 width/2, height/2);`
276	`text("PRESS SPACE KEY TO RESTART", width/2, height/2+50);`
277	
278	`pressSpaceKey();    // スペースキーが押されたらプレイ開始`
279	`}`

　プログラムを入力し、実行してみて、正しく動作することが確認できたら、しばらくプレイして、キー操作やPC側の反応など、ゲームに慣れて特徴をつかもう。そして、各自で改良を加えて欲しい（章末問題にも取り上げる）。例えば、ゲームの難易度を変えるにはいくつかの方法があり、シールド数を変える、隕石の個数(173行目)や速さ(96行目)、大きさ(97行目)を変えるなどが挙げられる。

章末課題

ex17_01

　本章で作成した隕石を避けるゲームを、より洗練されたものにするためのアイデアを考案し、プログラムに実装しよう。例を次に挙げるが、これらに限ら

17.6　ソースコード全体

ず自由に発想すること。

- ・　シールドが少なくなると、その数を示す画面上部の四角形や、宇宙船の色が変わるようにする。
- ・　時々、画面右端から左方向へ何らかのアイテムが飛んでくるようにし、宇宙船がそれを取るとシールド数が増えるようにする。
- ・　隕石や宇宙船の見かけを、よりリアルなものにする。
- ・　隕石と衝突したときに効果音が出るようにする。

ex17_02

コンピュータとじゃんけんで対戦するゲームを作成しよう。

ex17_03

オリジナルなゲームを構想し、作成しよう。構想するときは、そのときの自分の実力で作れるものかどうか、制作期間の長さが適切かどうかに注意すること。

索　引

A

ALT.................108

B

background......23
BASELINE......44
beginShape......17
boolean.............50
BOTTOM.........44
box..................137

C

call by value...174
camera............148
CENTER...34, 42,
　44, 92
char..................50
CODED..........108
colorMode.........25
CONTROL.....108
CORNER.........34

CORNERS.......34
createFont........40
curveVertex......19

D

dist..................104
double...............50
DOWN...........108

E

ellipse...............15
else...................67
else 節...............67
endShape.........17
exp 関数..........125

F

fill.....................23
float..................50
focused.............56
for 文.................84
FPS（First

Person
　shooter）....149
FPV（First
　Person View）
　....................149
frameCount.....56
frameRate 56, 120

G

getCount........101

H

HALF_PI.........56
height...............55
hour................155
HSB.................25

I

if 文...................66
image...............32
imageMode......34
int.....................50

isLooping........ 202
isMuted.......... 202
isPlaying 202

K

key 56, 105
keyCode.. 105, 108
keyPressed 56, 96,
 105, 109
keyReleased.... 96,
 97, 109
keyTyped.. 96, 109

L

LEFT.. 42, 92, 108
lights............... 139
line.................... 15
loadImage 31
loadShape 35
log 関数........... 123
loop 202
loopCount....... 202

M

millis............... 145
Minim ライブラリ
 198

minute............ 155
mouseButton.. 56,
 92
mouseClicked.. 98
mousePressed. 56,
 92, 99, 105
mouseReleased 99
mouseWheel.. 100
mouseX 56, 92
mouseY 56, 92
mute 202

N

new 158, 184
noFill 23
noStroke........... 23

P

P3D................. 134
pause 202
PI 56
PImage............. 31
play 202
pmouseX 56, 92
pmouseY 56, 92
point 15

popMatrix 132
popStyle 180
print................. 39
printArray 41
println 38
PShape............. 35
pushMatrix.... 132
pushStyle....... 180

Q

quad.................. 16
QUARTER_PI. 56

R

radians 123
random... 116, 117
randomGaussian
 .... 116, 118
randomSeed.. 116,
 119
rect.................... 16
return.............. 175
rewind 202
RGB................. 22
RIGHT42, 92, 108
rotateX ... 135, 136

rotateY ... 135, 136

rotateZ............ 134

S

second.............. 155

shape 35

shapeMode....... 35

SHIFT 108

sin 関数........... 121

sphere.............. 137

String 50

stroke................ 23

strokeCap......... 27

strokeWeight ... 27

svg..................... 35

T

text..................... 39

textAlign 42

textAscent........ 44

textDescent...... 44

textFont 40

textSize 40

then 節.............. 70

TOP 44

translate......... 130

triangle............. 16

TWO_PI........... 56

U

unmute........... 202

UP.................. 108

V

vertex 17

void 175

W

while 文 81

width 55

あ

値渡し.............. 174

1 次元配列 157, 158

一様乱数 117

色の三原色........ 22

インスタンス.. 184

インデント........ 70

演算記号 52

演算子............... 52

オブジェクト指向
プログラミング
.... 181

か

返り値.....174, 175

拡張子 30

関数...........96, 169

関数定義 170

擬似乱数 119

キャスト 54

局所変数 57

クラス 181

繰り返し処理.... 81

グローバル変数 57

原点................... 14

コード............. 211

コメント文.......... 4

コンストラクタ
.... 184

コンソール領域 . 3, 38

さ

彩度................... 25

三角関数 121

3 次元配列 163, 166

3重ループ 167

三平方の定理 .. 104

色相 25

字下げ 70

指数関数 125

システム変数 55

自然対数 124

自動フォーマット
　 71

自由落下運動 .. 188

条件式 72

条件分岐 66

ショートカットキ
　ー 5

真理値 50

数学関数 116

スコープルール 57

正規分布 118

制御変数 87

正規乱数 118

セミコロン 3

添え字 157

ソースコード .. 211

た

大域変数 57

対数関数 123

多次元配列 163

注釈文 4

底 123

定数 56

データ型 50

テストコード .. 211

デバッグ 8

等加速度運動 .. 188

投射運動 189

等速移動 182

透明度 26

な

2次元配列 163,
　 164

2重ループ 166

は

配列 157, 158

バグ 7

比較演算子 72

光の三原色 22

引数 173

ピタゴラスの定理
　 104

不透明度 26

ブロック 49

ベクトル形式 35

変数 48

変数宣言 50

変数の型 50

ま

無限ループ 83

明示的な型変換 54

明度 25

や

矢印キー 108

要素 157

ら

ラスタ形式 35

乱数 116

ローカル変数 57

論理演算子 73

論理値 50

本書に掲載したソースコードは次の web サイトからダウンロードできます。

https://ctrlrtostart.wixsite.com/processing

本書に掲載されている会社名や製品名などは、一般に各社の商標または登録商標です。本文中では、TM、©マークや®マークなどは明記せず、通称を用いている場合があります。

著 者 略 歴

藤 井 慶

奈良先端科学技術大学院大学情報科学研究科博士後期課程単位取得退学　修士 (工学)
熊本大学大学院自然科学研究科博士後期課程修了　博士 (理学)
現在国立熊本高等専門学校人間情報システム工学科准教授

村 上 純

豊橋技術科学大学大学院工学研究科修士課程修了　博士 (工学)
豊橋技術科学大学工学部講師を経て，現在国立熊本高等専門学校 専攻科電子情報システム工学専攻教授

〔おもな著書〕
① よくわかる電気・電子回路計算の基礎 (日本理工出版会, 共著)，2012年
② 基礎から応用までのラプラス変換・フーリエ解析 (日新出版, 共著)，2015年
③ 統計ソフトRによるデータ活用入門 (日新出版, 共著)，2016年
④ 統計ソフトRによる多次元データ処理入門 (日新出版, 共著)，2017年

Processingによる **プログラミング入門** (情報処理基礎シリーズ)

2018 (平成30) 年 2 月 10 日　初版印刷
2018 (平成30) 年 2 月 25 日　初版発行

© 著 者　藤 井 慶
　　　　　村 上 純

発 行 者　小 川 浩 志

発 行 所　**日新出版株式会社**
東京都世田谷区深沢 5－2－20
TEL [03] (3701) 4112・(3703) 0105
FAX [03] (3703) 0106

ISBN978-4-8173-0258-8　振替 00100－0－6044, 〒158－0081

2018　Printed in Japan　　　　印刷・製本　(株)平河工業社

日新出版の教科書・参考書

わ か る 自 動 制 御	樋木・添田 編著	328頁
わ か る 自 動 制 御 演 習	樋木 監修 添田・中溝 共著	220頁
自 動 制 御 の 講 義 と 演 習	添田・中溝 共著	190頁
シ ス テ ム 工 学 の 基 礎	樋木・添田・中溝 編著	246頁
システム工学の講義と演習	添田・中溝 共著	174頁
システム制御の講義と演習	中溝・小林 共著	154頁
ディジタル制御の講義と演習	中溝・田村・山根・申 共著	166頁
シーケンス制御の基礎	中溝 監修 永田・斉藤 共著	90頁
基 礎 か ら の 制 御 工 学	岡 本 良 夫 著	140頁
振 動 工 学 の 基 礎	添田・得丸・中溝・岩井 共著	198頁
振 動 工 学 の 講 義 と 演 習	岩井・日野・水本 共著	200頁
新 版 機 構 学 入 門	松田・曽我部・野飼 他著	178頁
機 械 力 学 の 基 礎	添田 監修 芳村・小西 共著	148頁
機 械 力 学 入 門	棚澤・坂野・田村・西本 共著	242頁
基 礎 か ら の 機 械 力 学	景山・矢口・山崎 共著	144頁
基礎からのメカトロニクス	岩田・荒木・橋本・岡 共著	158頁
基礎からのロボット工学	小松・福田・前田・吉見 共著	243頁
よ く わ か る 機 械 製 図	櫻井・野田・八戸 共著	92頁
よくわかるコンピュータによる製図	櫻井・井原・矢田 共著	92頁
材 料 力 学 （ 改 訂 版 ）	竹 内 洋 一 郎 著	320頁
基 礎 材 料 力 学	柳沢・野田・入交・中村 他著	184頁
基 礎 材 料 力 学 演 習	柳沢・野田・入交・中村 他著	186頁
基 礎 弾 性 力 学	野田・谷川・須見・辻 共著	196頁
基 礎 塑 性 力 学	野田・中村(保) 共著	182頁
基 礎 計 算 力 学	谷川・畑・中西・野田 共著	218頁
要 説 材 料 力 学	野田・谷川・辻・渡邊 他著	270頁
要 説 材 料 力 学 演 習	野田・谷川・芦田・辻 他著	224頁
基 礎 入 門 材 料 力 学	中 條 祐 一 著	156頁
新 版 機 械 材 料 の 基 礎	湯 浅 栄 二 著	126頁
基 礎 か ら の 材 料 加 工 法	横田・青山・清水・井上 他著	214頁
新版 基礎からの機械・金属材料	斎藤・小林・中川 共著	156頁
わ か る 内 燃 機 関	廣 安 博 之 著	272頁
わ か る 熱 力 学	田中・田川・氏家 共著	204頁
わ か る 蒸 気 工 学	西川 監修 田川・川口 共著	308頁
伝 熱 工 学 の 基 礎	望 月・村 田 共著	296頁
基 礎 か ら の 伝 熱 工 学	佐 野・齊 藤 共著	160頁
ゼロからスタート・熱力学	石 原・飽 本 共著	172頁
工 業 熱 力 学 入 門	東 之 弘 著	110頁
わ か る 自 動 車 工 学	樋口・長江・小口・渡部 他著	206頁
わ か る 流 体 の 力 学	山枡・横溝・森田 共著	202頁
わ か る 水 力 学	今市・田口・谷林・本池 共著	196頁
水 力 学 と 流 体 機 械	八田・田口・加賀 共著	208頁
流 体 力 学 の 基 礎	八田・鳥居・田口 共著	200頁
基 礎 か ら の 流 体 工 学	築地・山根・白濱 共著	148頁
基 礎 か ら の 流 れ 学	江 尻 英 治 著	184頁
学生のための 水力学数値計算演習	山岸・原田・岡田 他著	230頁
わ か る ア ナ ロ グ 電 子 回 路	江間・和田・深井・金谷 共著	252頁
わかるディジタル電子回路	秋谷・平間・都築・長田 他著	200頁
電 子 回 路 の 講 義 と 演 習	杉本・島・谷本 共著	250頁
要 点 学 習 電 子 回 路	太 田・加 藤 共著	124頁

日新出版の教科書・参考書

わかる電子物性	中澤・江良・野村・矢萩 共著	180頁
基礎からの半導体工学	清水・星・池田 共著	128頁
基礎からの半導体デバイス	和保・澤田・佐々木・北川 他共	180頁
電子デバイス入門	室・脇田・阿武 共著	140頁
わかる電子計測	中根・渡辺・葛谷・山崎 共著	224頁
要点学習通信工学	太田・小堀 共著	134頁
新版わかる電気回路演習	百目鬼・岩尾・瀬戸・江原 共著	200頁
わかる電気回路基礎演習	光井・伊藤・海老原 共著	202頁
電気回路の講義と演習	岩﨑・齋藤・八田・入倉 共著	196頁
英語で学ぶ電気回路	永吉・水谷・岡崎・日高 共著	226頁
わかる音響学	中村・吉久・深井・谷澤 共著	152頁
音響学入門	吉久(信)・谷澤・吉久(光)共著	118頁
電磁気学の講義と演習	湯本・山口・髙橋・吉久 共著	216頁
基礎からの電磁気学	中川・中田・佐々木・鈴木 共著	126頁
電磁気学入門	中田・松本 共著	165頁
基礎からの電磁波工学	伊藤・岩﨑・岡田・長谷川 共著	204頁
基礎からの高電圧工学	花岡・石田 共著	216頁
わかる情報理論	島田・木内・大松 共著	190頁
わかる画像工学	赤塚・稲村 編著	226頁
基礎からのコンピュータグラフィックス	向井信彦 著	191頁
生活環境 データの統計的解析入門	藤井・清澄・篠原・古本 共著	146頁
統計ソフトRによる データ活用入門	村上・日野・山本・石田 共著	205頁
統計ソフトRによる 多次元データ処理入門	村上・日野・山本・石田 共著	265頁
Processing によるプログラミング入門	藤井・村上 共著	245頁
新版論理設計入門	相原・髙松・林田・髙橋 共著	146頁
知能情報工学入門	前田陽一郎 著	250頁
ロボット・意識・心	武野純一 著	158頁
熱応力	竹内著・野田増補	456頁
力学・波動	浅田・星野・中島・藤間 他著	236頁
技術系物理基礎	岩井 編著 巨海・森本 他著	321頁
初等熱力学・統計力学	竹内・三嶋・稲部 共著	124頁
基礎物性物理工学	石黒・竹内・冨田 共著	202頁
環境の化学	安藤・古田・瀬戸・秋山 共著	180頁
増補改訂 現代の化学	渡辺・松本・上原・寺嶋 共著	210頁
構造力学の基礎	竹間・樫山 共著	312頁
技術系数学基礎	岩井善太 著	294頁
基礎から応用までのラプラス変換・フーリエ解析	森本・村上 共著	145頁
Mathematica と微分方程式	野原勉 著	198頁
理系のための数学リテラシー	野原・矢作 共著	168頁
微分方程式通論	矢野健太郎 著	408頁
わかる代数学	秋山著・春日屋改訂	342頁
わかる三角法	秋山著・春日屋改訂	268頁
わかる幾何学	秋山著・春日屋改訂	388頁
わかる立体幾何学	秋山著・春日屋改訂	294頁
解析幾何早わかり	秋山著・春日屋改訂	278頁
微分積分早わかり	秋山著・春日屋改訂	208頁
微分方程式早わかり	春日屋伸昌 著	136頁
わかる微分学	秋山著・春日屋改訂	410頁
わかる積分学	秋山著・春日屋改訂	310頁
わかる常微分方程式	春日屋伸昌 著	356頁